デザイナーのための

# Adobe Firefly 完全ガイド

Photoshop ＋ Illustrator ＋ Web

吉岡 豊 著



エムディエヌコーポレーション

# はじめに

未来は、向こうからやってきて、迎え入れるものだと思っていました。しかし、AIがもたらす未来は、やってきたというよりも、忍び寄ってきたと感じています。ChatGPTやDALL・Eなどが、人々の好奇心をくすぐり、驚かせ、”おもしろい” と思わせる。”おもしろい” はあっという間に広がっていきます。気がつくとインターネットやスマートフォンがそうだったように、生活とは切り離せないインフラになっていくことでしょう。

クリエイティブの世界にも、Adobe Fireflyがやってきました。Fireflyは、単なる画像生成AIではありません。画像を作りっぱなしにはしません。著作権周りがしっかりしているFireflyは、PhotoshopやIllustratorなどと連携することで、プロのクリエイティブワークやビジネス利用にも耐えうる高い品質の作品を作り出すことができます。Fireflyは、つまりクリエイティブの種をまく、そういう役割を担っていると思います。頭に浮かんだ素晴らしいアイデアを新鮮なうちに形にします。そして、感性と経験とテクニックを混ぜ合わせて、じっくりと想像を膨らませれば、最高の作品が生まれるでしょう。

本書では、生成AIの概念から画像生成のちょっとしたヒントまで、イラストや図で示しながら丁寧に解説しています。Fireflyに興味があるけれど、ハードルが高いと感じているユーザーは、まずFirefly Web版に触れてみてください。直感的な操作で、すぐに画像を生成でき、その実力を実感できるはずです。そしたら、本書の出番です。興味のあるページを開いて、操作してみてください。本書が、Fireflyのもたらす未来への一歩となれば幸甚です。

吉岡 豊

# 目次 contents

# 本書の使い方 how to use

**この本は、生成AI「Adobe Firefly」の使い方を知りたいという方のための解説書です。Fireflyは、今後もっと多くのアプリケーションで使えるようになるなど、さらなる発展が予想されていますが、本書では現在最新の情報を紹介しています（2023年10月現在）。**

**Chapter 1　Adobeの生成AI「Firefly」の概要**

ChatGPTやStable Diffusionなど、現在数多くの生成AIが登場、広く利用されています。その中におけるAdobe Fireflyの位置付けや特徴、メリットなどを解説しています。

**Chapter 2　Firefly Web版**
**Chapter 3　Photoshop × Firefly**
**Chapter 4　Illustrator × Firefly**
**Chapter 5　Adobe Express × Firefly**

現時点で正式に利用できる環境として、FireflyのWeb版、Photoshop、Illustrator、Adobe Expressがあります。これらでの使い方を解説しています。

## ○ MacとWindowsの違いについて

本書の内容はmacOSとWindowsの両OSに対応しています。本文の表記はMacでの操作を前提にしていますが、Windowsでも問題なく操作できます。Windowsをご使用の場合は、下の表に従ってキーを読み替えて操作してください。

| | | | |
|---|---|---|---|
| Mac | ⌘キー | Ctrlキー | Windows |
| | optionキー | Altキー | |
| | returnキー | Enterキー | |
| | shiftキー | Shiftキー | |

※本文ではoption〔Alt〕のように、Windowsのキーは〔　〕内に表示しています。

## ○ サンプルデータについて

本書の解説に用いているサンプルデータは、下記のURLからダウンロードしていただけます。

**https://books.mdn.co.jp/down/3223303040/**
数字

## ○ ダウンロードできないときは

● ご利用のブラウザーの環境によりうまくアクセスできないことがあります。その場合は再読み込みしてみたり、別のブラウザーでアクセスしてみてください。

● 本書のサンプルデータは検索では見つかりません。アドレスバーに上記のURLを正しく入力してアクセスしてください。

## ○ 注意事項

● 解凍したフォルダー内には「お読みください.html」が同梱されていますので、ご使用の前に必ずお読みください。

● 弊社Webサイトからダウンロードできるサンプルデータは、本書の解説内容をご理解いただくために、ご自身で試される場合にのみ使用できる参照用データです。その他の用途での使用や配布などは一切できませんので、あらかじめご了承ください。

● 弊社Webサイトからダウンロードできるデータを実行した結果については、著者および株式会社エムディエヌコーポレーションは一切の責任を負いかねます。お客様の責任においてご利用ください。

# Chapter 1
# Adobeの生成AI「Firefly」の概要

Section 01

# 生成AIってなんだ?

**ChatGPTが爆発的に普及したこともあり、世の中には「AIに仕事が乗っ取られる」、「人間はいずれAIに支配される」など、AIに対する漠然とした不安があります。しかし、生成AIの特徴やメリット・デメリット、リスクについて理解すれば、そんな不安は杞憂に終わるでしょう。むしろ、業務の効率が大きく向上し、クリエイティブな業務に集中することができます。まずは、生成AIの概要や機能を確認して理解を深めましょう。**

## 生成AIは私たちの味方

「生成AI」は、英語では「Generative AI」と呼ばれ、文章、画像、動画、音楽などさまざまなコンテンツを生成できる人工知能です。従来のAIと異なり、コンテンツのパターンや関係性などを学習し、新しいコンテンツを創造することを目的としています。近年、生成AIによるコンテンツの質とスピードが飛躍的に向上したことから、ビジネスや学習などでの利用が広がっています。生成AIをうまく使いこなして、クリエイティブな業務にエネルギーを割いたり、業務の時間短縮を推し進めたりしてみましょう。

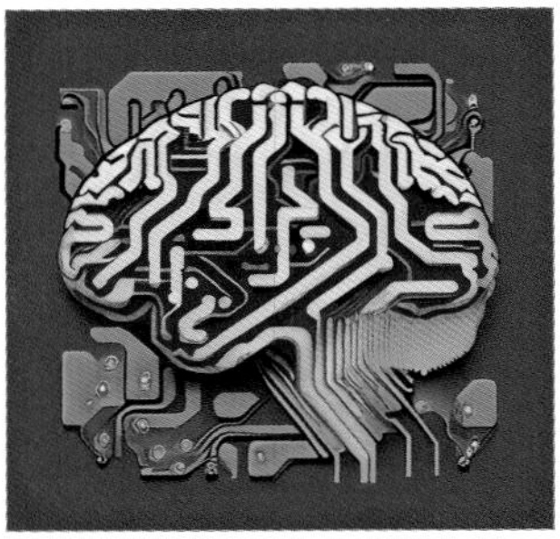

## 生成AIの特徴

従来のAI(人工知能)は「識別系AI」と呼ばれ、あらかじめ大量データを与えて"正解"を学習させ、データの正解・不正解を判別し、業務や生産の自動化、効率化に貢献しました。しかし、"正解"を導き出す方法をベースに学習しているため、"正解"以上のコンテンツを生成することはできません。

それに対して生成AIは、データのパターンや関係性を学習し、生成AI自らが最善の回答を導き出して新しいコンテンツを生成します。近年では、生成AIで会議の発言データをまとめて議事録を作成したり、指示書から画像や動画を作成したりするなど、広く業務に利用されつつあります。生成AIは、条件を入力するだけでコンテンツを生成できるため、ユーザーはマニュアルを学ぶ必要もありません。今後はより身近なものとなり、普及するほどに"賢く"なって、ビジネスに社会に貢献していくでしょう。

| 項目 | 生成AI | 識別系AI |
| --- | --- | --- |
| 学習 | データの関係性、パターンの学習 | データの整理・分類・分析 |
| 目的 | コンテンツの生成・創造 | 原因の特定や未来の予測 |
| 効果 | コンテンツによるアイデアの提案<br>業務の効率化 | 業務の効率化・自動化 |

## 生成AIの種類

生成AIには、生成できるコンテンツの種類によって、画像生成AI、テキスト生成AI、動画生成AI、音声生成AIの4つに分けられます。

### 画像生成AI

画像生成AIは、入力されたプロンプトに応じた新しい画像を生成するAIです。画像生成AIを利用すると、Webサイトやポスターなどの素材を作成したり、アイデアを描き起こしたりすることができ、作業効率を大幅に向上させることができます。画像生成AIには、Adobe Fireflyの他に、「Stable Diffusion」、「Midjourney」、「DALL・E 2」などが知られています。

Firefly

### テキスト生成AI

テキスト生成AIは、プロンプトに入力された質問やリクエストに応じて、文章や文書などのテキストを生成するAIです。会議やインタビューの文字起こしやまとめ、議事録の作成から小説の生成など、幅広い分野で活用されています。主なテキスト生成AIにはOpenAIの「ChatGPT」やGoogleの「Bard」があります。

ChatGPT

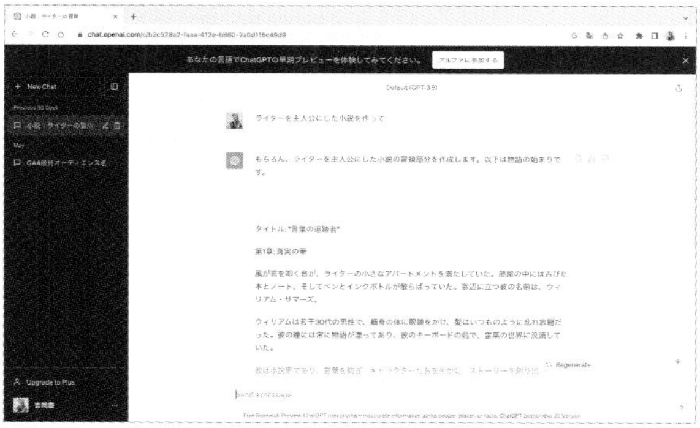


### 動画生成AI

動画生成AIは、プロンプトに入力された動画のイメージをもとに動画を生成するAIです。2023年10月現在では、まだ数秒程度しか生成できませんが、長尺の動画生成など技術の発展が期待されています。主な動画生成AIには、Runwayの「Gen-2」などがあります。

※Adobe Fireflyは、いずれPhotoshopやIllustratorなど以外のCreative Cloudアプリでも対応すると見られており、そうなればFireflyは動画生成AI・音声生成AIも兼ねることになるかも知れません。

Gen-2

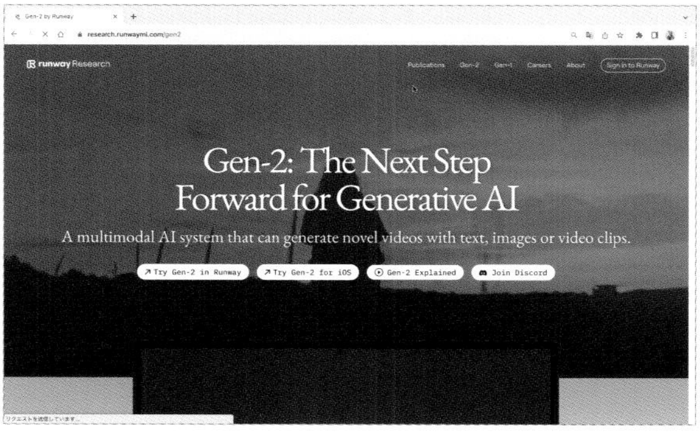

### 音声生成AI

音声生成AIは、音声やテキストで入力されたプロンプトに応じて音声を新しく生成するAIです。特定の人物の声を学習させると、その人物の声でナレーションを作成したり、アフレコしたりすることができます。エンターテイメントや教育、ビジネスなど幅広い分野での活用が見込まれています。主な音声生成AIには、マイクロソフトの「VALL-E」などがあります。

VALL-E

## 生成AIを利用するメリット

生成AIの最大のメリットは、学習した膨大なデータを使って「0から1を生み出せること」です。生成AIは、人間の神経細胞のしくみを模して作られた「ニューラルネットワーク」を用いてデータをカテゴライズしたり、データに含まれる関係性やパターンを抽出したりします。そして、生成AIが自ら判断してリクエストに応えるための最善の方法を探し出します。データの量が多いほど、多様であるほど深く学習でき、回答の精度とスピードが上がっていきます。こういった生成AIの特徴から次のようなメリットがあります。

### 業務の効率化

生成AIは、これまで自動化できなかった業務の効率を上げることができます。例えば、会議の音声データの文字起こしと要約の作成を音声生成AIにリクエストし、出来上がったものを編集することで、音声データの聞き返しや文字起こし、要約の作成にかかる時間と労力を節約できます。また、クライアントへのお礼や挨拶などのビジネス文書の作成も簡単に作成できます。

### 業務の質の向上

イメージやアイデアをイラストやポスター、スライドなどの形にするには、多くの場合、専門部署やクリエイターに頼むしかありませんでした。生成AIでは、アイデアやイメージを言葉で指示するだけで、高品質なコンテンツを生成できます。また、膨大な学習データから最善のコンテンツを生成しようとするため、思いもよらないアイデアが生まれることもあります。イメージやアイデアを形にすることで踏み込んだ議論ができ、品質の高い作品の作成に貢献できます。

## 生成AIを利用するデメリットとリスク

生成AIが普及していくにつれて、「フェイクコンテンツが簡単にできてしまう」、「勝手に作風を真似られた」など、徐々に問題が浮上してきています。最も問題となっているのは、「著作権・肖像権の侵害」と「差別的・暴力的コンテンツ」です。また、意図せずプロンプトに個人情報を入力しコンテンツを生成した結果、生成AIがそれを学び情報の漏洩に繋がったといったケースもあります。生成AIのデメリットやリスクを確認しておきましょう。

### 機密情報の漏洩

ChatGPTなどテキスト生成AIには、個人情報や企業の機密などをプロンプトに入力してはいけません。これらの情報は、学習され他のユーザーのリクエストの中で利用される可能性があります。情報が漏洩し、悪用される可能性は十分にありますので、機密情報は入力しないようにしましょう。

### 著作権・肖像権等の侵害

テキスト生成AIや画像生成AIは、多くの作品を学習させることで特定の作家やクリエイターの「作風」を身につけることができます。AIが生成したものをアップロードしたり、販売したりする場合に、特定のクリエイターの作風などと類似性や依拠性が認められれば、著作権侵害に当たる可能性があります。なお、Adobe Fireflyは、著作権フリーのAdobe Stockやパブリックドメインの画像、オープンライセンスの画像を対象として学習していることから生成画像が著作権を侵害することはありません。

### 意図しない差別的表現

生成AIの生成物が、特定の民族や人種、性別、職業、年齢などに対して差別的な表現をする可能性があります。露骨な差別的表現でなくても、「ビジネスマン」や「看護婦」は性別に限定してしまっています。「家内」は、女性は家にいるものという考えを押しつける言葉です。このように、AIが生成したコンテンツが、意図せず人の心を傷つけてしまうリスクがあります。なお、Adobe Fireflyは「ポリティカル・コレクトネス」に対応しており、誰かを傷つける表現を除外するように設計されています。

Section 02

# Adobe Fireflyを正しく知ろう

**Fireflyは、Adobeが2023年9月13日にリリースした画像生成AIです。高い品質とすべての生成コンテンツが著作権フリーという点が大きな特徴で、商用利用も可能です。また、ポリティカル・コレクトネスにも対応し、差別的、暴力的表現を除外する設計になっています。アイデアをプロンプトとして入力するだけで、そのままでも利用できる高品質の画像が生成されます。まずは、Fireflyの概要とできること、できないことを確認しておきましょう。**

## Adobe Fireflyとは

Fireflyは、PhotoshopやIllustratorなどのデザインソフトウェアで知られるAdobeが開発、リリースした画像生成AIです。思いついたアイデアやイメージをテキストにして画像生成を実行するだけで、高品質な画像を生成することができます。Fireflyは、Webサイト上でサービスを提供するだけでなく、PhotoshopとIllustrator、Adobe Expressにも搭載され、それぞれのアプリ上で利用できます（2023年10月現在。対応アプリは今後さらに増えることが予想されています）。

また、FireflyはAdobe Stockやパブリックドメイン、オープンライセンスの画像を学習対象としているため、生成されるコンテンツはすべて著作権フリーです。また、ポリティカル・コレクトネスにも対応し、差別的、暴力的、性的な表現を排除する設計になっています。ビジネスでもプライベートでも、誰もが安心して画像を生成できることが大きな特徴です。

## デジタル画像を知り尽くしたAdobeだから高い品質

Adobeは1987年にIllustrator、1989年にPhotoshopを発表して以来、常にデジタル画像の最先端であり、画像処理・作成のインフラを築き上げてきました。そのAdobeが満を持してリリースした生成AIがFireflyです。プロンプトの条件に適合する画像を生成するだけでなく、商用利用にも耐えうる品質と積み上げられたノウハウ、センスが詰まっています。まずは、Firefly Web版を使って、その実力を確認してみてください。

## ニーズに合った多彩な機能

Fireflyは、プロンプトに指定された画像を生成するだけの生成AIではありません。クリエイターの「あったらいいのに」にそのまま応えるように、さまざまな機能が用意されています。

・「テキストから画像生成」：テキストで指定されたイメージを生成します。
・「生成塗りつぶし」：選択した範囲をテキストの指定通りに塗りつぶします。
・「生成拡張」：写真の領域を拡張して続きを生成します。
・「テキスト効果」：テキストで指定した通りのロゴを生成します。
・「生成再配色」：指定したイメージのカラーバリエーションを生成します。
・「テキストからベクター生成」：テキストで指定したベクター画像を生成します。
・「テキストからテンプレート生成」：テキストで指定したテンプレートを生成します。

ニーズや目的に合わせて、Fireflyの機能を使い分けてみましょう。

| 使用できる機能（2023年10月現在） | Firefly Web版 | Photoshop | Illustrator | Adobe Express |
|---|---|---|---|---|
| テキストから画像生成 | ○ | × | × | ○ |
| 生成塗りつぶし | ○ | ○ | × | ○ |
| 生成拡張 | × | ○ | × | × |
| テキスト効果 | ○ | × | × | ○ |
| 生成再配色 | ○ | × | ○ | × |
| テキストからベクター生成 | × | × | ○ | × |
| テキストからテンプレート生成 | × | × | × | ○ |

## 著作権フリーの素材のみを学習した生成AI

Fireflyは、著作権フリーのAdobe Stockとオープンライセンスコンテンツ、パブリックドメインコンテンツを学習し、画像生成に利用しています。Adobe Stockだけでも3億点以上あり、質の高い画像を、著作権侵害を気にすることなく、ビジネスにも利用できることは大きなメリットです。

○ Adobe StockのWebサイト

## ポリティカル・コレクトネス対応の安心設計

「ポリティカル・コレクトネス」は、人種や民族、宗教、性別などのマイノリティに対する差別的な認識を改めていくことで、「政治的妥当性」とも呼ばれます。Fireflyは、ポリティカル・コレクトネスに対応し、差別的、暴力的で人を傷つけるコンテンツを排除する設計で、安心して利用できます。

不適切な表現で画像を生成しようとしても、生成が実行されません。

## コンテンツの真正性を確保する

近年、AIを使って生成した偽画像を利用したフェイクニュースが問題となっています。Adobeは、オンラインコンテンツの透明性と信頼性を高め、誤報や偽情報に対抗するための枠組みである「CAI（Content Authenticity Initiative：コンテンツ認証イニシアチブ）」を主導しています。Fireflyを使って生成される画像には、CAIのタグ情報が埋め込まれ、Fireflyを使って生成したことが明示されます。

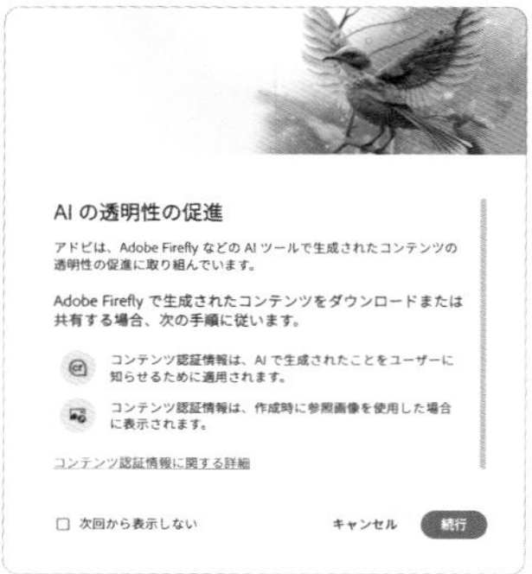

Section

# 03 Adobe Fireflyでできること

**多くの画像生成AIでは、プロンプトでリクエストした画像を生成する単機能のみです。しかし、画像生成機能だけでは、クリエイターのニーズの全てに応えることはできません。Fireflyには、ロゴやベクター画像の生成、画像の拡張など、クリエイターのニーズに応える多彩な機能が搭載されています。また、斬新な新機能が段階的に発表されていきます。Fireflyの行先を楽しみにしながら、現在搭載されている機能を使いこなしてみましょう。**

## Fireflyを利用する

Fireflyは、生成AIとしてだけでなく、1つのツールとして、画像やロゴを生成したり、オブジェクトの配色を変更したりできます。しかし、Fireflyの最も大きな特長は、FireflyがPhotoshopやIllustrator、Adobe ExpressなどAdobeのアプリケーションにも搭載されていることです。Fireflyが他のアプリケーションに搭載されることで、生成した画像を加工したり、作品の一部として利用したりすることが一連の操作として行えます。

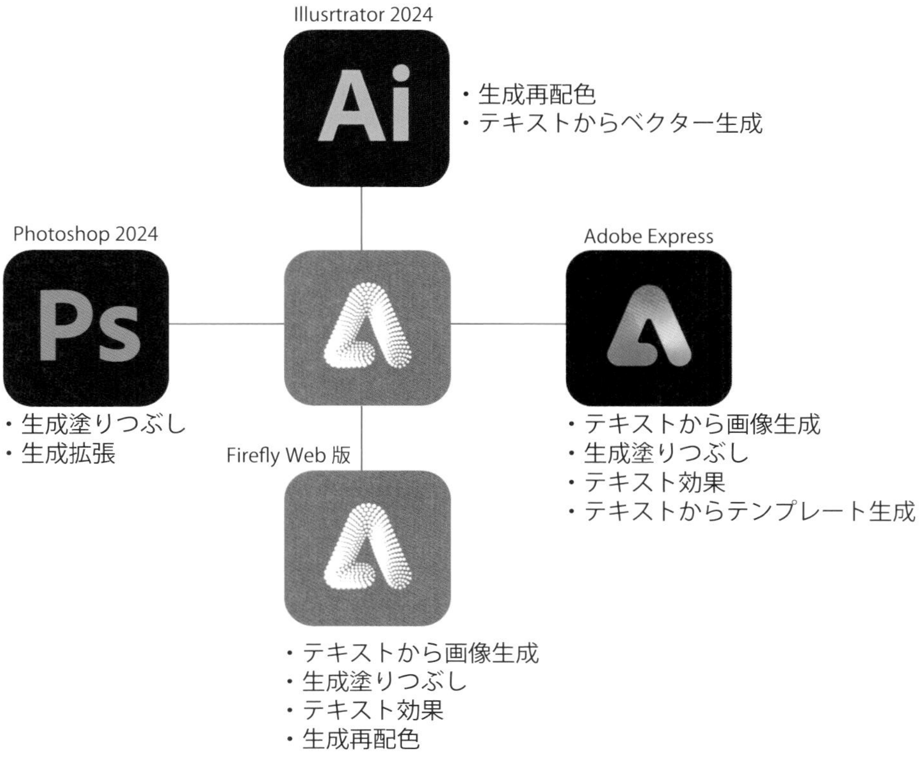

## 生成クレジット

Fireflyでは、「生成クレジット」が導入されていて、画像を生成するためには、生成クレジットを保有している必要があります。プロンプトを入力し、［生成］をクリックして画像生成を実行すると、1クレジット消費されます。また、同じプロンプトで画像を更新する場合にも1クレジット消費されます。

生成クレジットは、Adobeアカウントに登録すると自動的に無料プランに加入し、25クレジット、Adobe Fireflyプレミアプランは、月額680円で100クレジット付与されます。また、Creative Cloudコンプリートプランで1,000クレジットなど、既存のプランにもFireflyの生成クレジットが付与されます。なお、生成クレジットは、月単位で付与され、翌月に持ち越されずにリセットされます。無料プランにも、毎月25クレジットが付与されます。

| プラン | 月間の生成クレジット |
|---|---|
| 無料プラン：Adobe Express、Adobe Firefly、Creative Cloud | 25 |
| Adobe Expressプレミアムプラン | 250 |
| Adobe Fireflyプレミアムプラン | 100 |
| Creative Cloudコンプリートプラン | 1,000 |
| Creative Cloud単体プラン<br>（Illustrator、InDesign、Photoshop、Premiere Pro、After Effects、Audition、Animate、Adobe Dreamweaver、Adobe Stock、フォトプラン1TB） | 500 |
| Creative Cloud単体プラン：Creative Cloud フォト 20 GB | 100 |
| Creative Cloud単体プラン：Lightroom | 100 |
| Creative Cloud単体プラン<br>（InCopy、Substance 3D Collection、Substance 3D Texturing、Acrobat Pro） | 25 |

### 複数のアプリを単体プランで利用している場合は？

複数のCreative Cloud単体プランで利用している場合、利用可能な生成クレジットは各プランに含まれる生成クレジットの合計数です。IllustratorとPhotoshopをCreative Cloud単体プランで利用している場合は、それぞれの生成クレジット500を足して1,000クレジット保有していることになります。生成クレジットは、IllustratorとPhotoshopだけでなく、Firefly Web版やAdobe Expressでも利用できます。

### 保有生成クレジットを使い切ったら？

月末までに保有する生成クレジットを使い切ってしまった場合、Creative CloudおよびAdobe Stockの有料プランのユーザーであれば、生成速度が遅くなりますが、引き続き画像生成を実行することができます。Adobe ExpressおよびAdobe Fireflyの有料ユーザーは、画像生成を1日あたり2回まで実行できます。無料プランのユーザーは、有料プランに移行するか、翌月の生成クレジット付与まで待ちましょう。

## Firefly Web版

Adobeは、Fireflyの機能を気軽に利用してもらえるように、Webサイト上にFireflyを公開しています。Firefly Web版で利用できる機能は、「テキストから画像生成」、「生成塗りつぶし」、「テキスト効果」、「生成再配色」の4つです。

Firefly Web版では、月に画像を25回生成できる生成クレジットが配布される「無料プラン」と、月額680円で100回分の生成クレジットが配布される「プレミアムプラン」が用意されています。

まずは、Fireflyに触れてみましょう。

### テキストから画像生成

プロンプトで指定した内容の画像を生成します。

プロンプト「無数の星が光り輝く宇宙空間を走る蒸気機関車」

### 生成塗りつぶし

選択した範囲にプロンプトで指定した画像を生成します。

プロンプト「たくさんの恐竜が歩くサバンナ」

### テキスト効果

効果を適用する文字と適用する効果の内容をプロンプトで指定します。

プロンプト「氷　氷柱　氷山」

### 生成再配色

アップロードされたSVG画像の配色をプロンプトで指定し変更します。

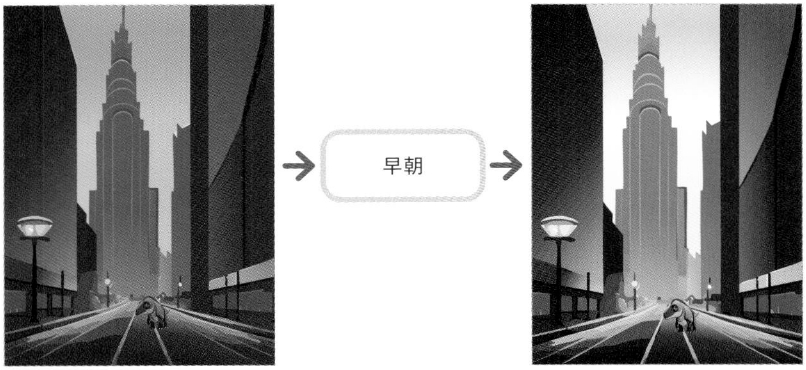

## Photoshop 2024 × Firefly

Fireflyは2023年9月13日にリリースされましたが、その際にPhotoshop 2024にも「生成塗りつぶし」と「生成拡張」が搭載されました。「生成塗りつぶし」では、写真の背景を差し替えたり、オブジェクトを追加・削除したりすることができます。「生成拡張」では、写真のカンバスを拡張した場合に、その拡張された領域の画像を生成できます。生成された画像は、生成レイヤーに書き出されるため、やり直しが何度でもできます。

### ○ 生成塗りつぶし

選択した範囲にプロンプトで指定した画像を生成します。

### ○ 生成拡張

拡張されたカンバスの領域に写真の続きを生成します。

## Illustrator 2024 × Firefly

Adobeは2023年10月11日に開催されたイベント「Adobe MAX 2023」のタイミングで、Fireflyの「生成再配色」と「テキストからベクター生成」を搭載したIllustrator 2024をリリースしました。「生成再配色」では、元の画像をプロンプトで指定した配色に変更し、すばやくカラーバリエーションを作成します。「テキストからベクター生成」では、選択範囲にプロンプトで指定したベクター画像を生成できます。ベクター画像には、[シーン]、[被写体]、[アイコン]、[パターン]の４種類から選択することができます。なお、2023年10月14日現在、「テキストからベクター生成」はベータ版です。

### 生成再配色

・元画像

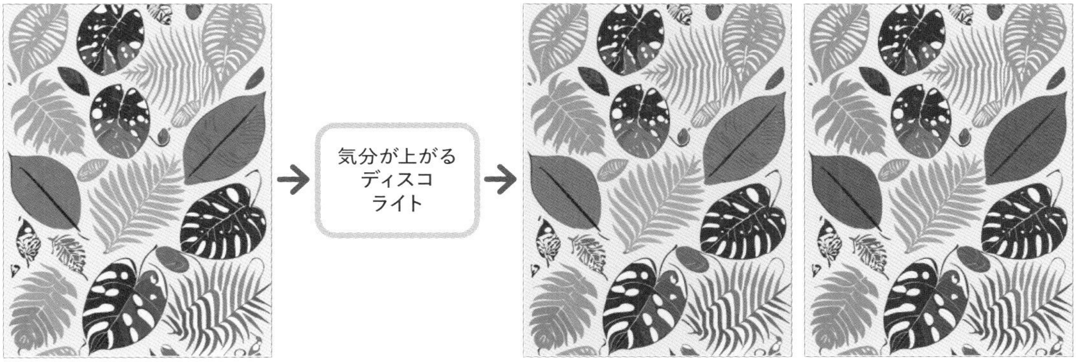


### テキストからベクター生成

#### シーン

背景を含む画像を生成できます。

プロンプト「南国の砂浜から見える水平線に沈む夕日」

#### 被写体

背景を含まない被写体のみを生成します。

プロンプト「黒いフードを被った骸骨の顔の男性の上半身　リアル　スチームパンク」

### アイコン

背景を含まないシンプルなベクター画像を生成します。

プロンプト「遊牧民のパオ」

### パターン

パターンを生成し、スウォッチパネルに登録できます。

プロンプト「熱帯のカラフルな花」

## Adobe Express × Firefly

Adobe Expressには、Fireflyの「テキストから画像生成」と「生成塗りつぶし」、「テキスト効果」、「テキストからテンプレート生成」の４つの機能が搭載されています。「テキストからテンプレート生成」はAdobe Expressのみに搭載されている機能で、イベント名やキャッチフレーズをプロンプトに、そこからイメージされるポスターやカードなどのテンプレートを生成できます。また、Adobe Expressでは、Firefly以外の機能を使って生成した画像に文字を入力するなど、楽しく編集することができます。

### テキストからテンプレート生成

イベント名などをプロンプトに、ポスターなどのテンプレートを生成できます。

プロンプト「世界のビールフェスティバル　200カ国のビール」

### テキストから画像生成

　プロンプトで指定した画像を生成します。

プロンプト「小さな島にそびえる高層ビル群　スチームパンク」

### 生成塗りつぶし

　ブラシで塗りつぶした範囲をプロンプトで指定したオブジェクトで塗りつぶします。

プロンプト「ハリネズミの顔　アニメーション」

### テキスト効果

　文字にプロンプトで指定したテクスチャを適用します。

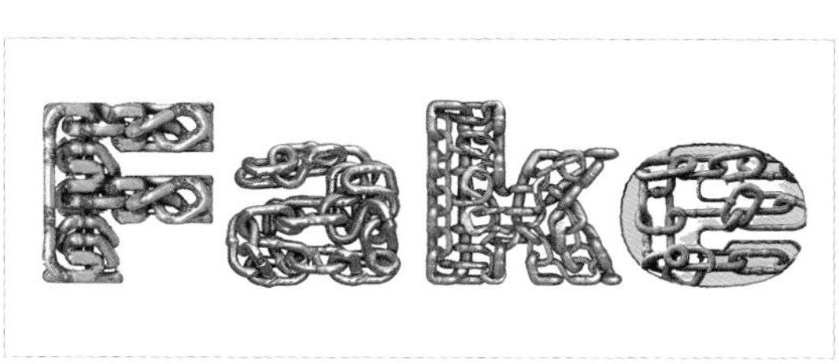


プロンプト「錆びた太い鎖」

Column

### Photoshop Web版でも使える

Fireflyは、Photoshop Web版にも搭載され、「生成塗りつぶし」と「生成拡張」が利用できます。Adobeアカウントにログインできれば、Photoshopがインストールされていない端末からでも利用できるメリットがあります。必要に応じて、Photoshopのデスクトップ版とWeb版を使い分けてみましょう。

#### ○ 生成塗りつぶし

#### ○ 生成拡張

# Chapter 2
# Firefly Web版

Section 01

# Firefly Web版の機能を体感しよう

**Adobeは、Fireflyの機能を体験してもらえるように、Firefly Web版を無償で公開しています。イメージをテキストで入力するだけで画像を生成したり、背景や選択した範囲を指定したオブジェクトで塗りつぶしたりするなど、自由にFireflyの機能を試すことができます。今後、リリースされる機能も紹介されています。Fireflyでできることを実際に操作して、確認し、どのように活用できるかイマジネーションを膨らませてみましょう。**

## Firefly Web版とは

「Firefly Web版」は、Adobeが公開しているFireflyの機能を紹介するためのWebアプリです。イメージをテキストで指定するだけで、画像を生成したり、背景を差し替えたり、オブジェクトを追加・削除したりできる画期的な機能を体験できます。Firefly Web版は、「テキストから画像生成」、「生成塗りつぶし」、「テキスト効果」、「生成再配色」の4つの機能が公開されていますが（2023年10月現在）、今後「スケッチから画像作成」、「3Dから画像生成」などの機能がリリースされる予定になっています。

「Adobe Firefly」公式サイト
https://firefly.adobe.com

## Firefly Web版の稼働環境

Firefly Web版をMacやPCで利用する場合、WebブラウザーはGoogle Chrome、Safari、Microsoft Edge のいずれかでアクセスします。また、スマートフォンやタブレットからも利用できます。Fireflyでは100以上の言語をサポートしていて、プロンプト（イメージを指定するテキスト）は日本語で指定することができます。

なお、Firefly Web版の利用には、年齢が18歳以上であることと、Adobeアカウントを取得・ログインしている必要があります。

スマートフォンやタブレットでも利用できます。

### 著作権フリーの画像を生成できる

Fireflyでは、著作権フリーのAdobe Stockの画像や著作権が消滅したパブリックドメイン、オープンライセンスの画像を利用して写真やイラストを生成するため、著作権を気にせず利用できます。また、生成された画像を商用利用することも可能です。ただし、画像にはAIによって生成された情報が付与されます。

## Firefly Web版でできること

Firefly Web版では、「テキストから画像生成」、「生成塗りつぶし」、「テキスト効果」、「生成再配色」の4つの機能を利用できます。ただし、Photoshop版で利用できる「生成拡張」、 Illustrator版の「テキストからベクター作成」、Adobe Express版の「テキストからテンプレート作成」は利用できません。

### ○ テキストから画像生成

テキストで指示されたイメージを画像化する機能です。写真やアートなどのコンテンツスタイル、描画スタイル、色合い、ライト、構図を後から変更することも可能です。

サバンナに1本だけ生えている、幹がチョコレートで葉がカラフルなグミで花がカラフルなキャンディの木 デジタルアート

↓

### ○ 生成塗りつぶし

選択した範囲をテキストで指定した画像やパターンで塗りつぶす機能で、「背景の差し替え」、「オブジェクトの追加」「オブジェクトの削除」といった操作が行えます。

### ○ 背景の差し替え

［背景］をクリックするだけで背景部分を削除し、テキストで指定した画像で塗りつぶします。

→ 地球が見える宇宙空間 →

### ○ オブジェクトの追加

選択した範囲にテキストで指定した画像を違和感なく追加します。

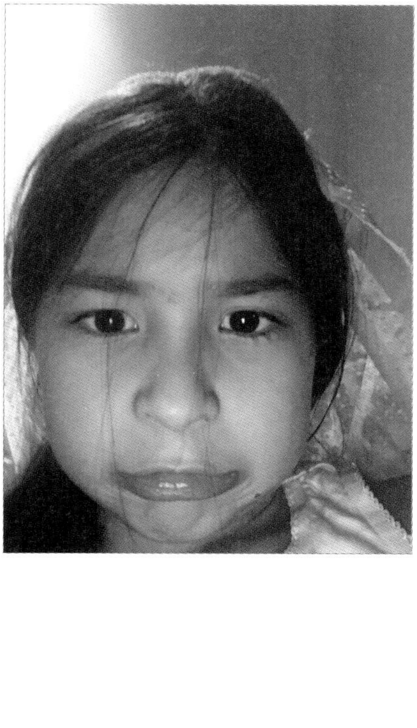

→ たくさんのカラフルな花のティアラ →

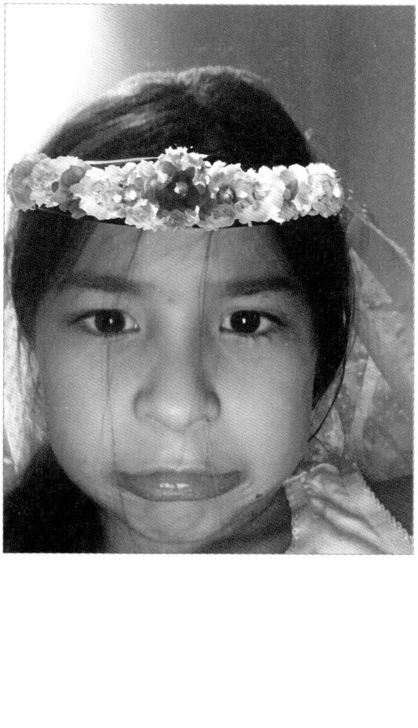

## ○ オブジェクトの削除

選択したオブジェクトを周囲の色やパターンで塗りつぶして削除します。

## ○ テキスト効果

入力した文字の内側をテキストで指定した画像やパターンで塗りつぶしてロゴを作成できます。テキスト効果生成後にフォントの種類や背景色、文字色などを変更できます。

## ○ 生成再配色

既存のベクターアートワークのカラーバリエーションをテキストでイメージを指定して生成します。

Section
# 02 テキストで画像を生成してみよう

「テキストから画像生成」は、テキストで指定したイメージをFireflyが画像化できる画期的な機能です。これまでは、どれだけ素晴らしいアイデアを持っていても、作成方法を知らなかったり、スキルが追いついていなかったりすれば形にできませんでした。「幹がチョコレート、葉がカラフルなグミ、花がキャンディの木」など、イメージをテキストで指定するだけで画像化できるとすれば素晴らしいですよね。まずはFirefly Web版の「テキストから画像生成」を利用して、その実力を確認してみましょう。

## Firefly Image 2 Modelについて知っておこう

2023年10月11日、AdobeはAdobe MAX 2023のタイミングで、Fireflyの次バージョンモデル「Firefly Image 2 Model」を発表しました。Firefly Image 2 Modelは、テキストから画像を生成する生成AIの次世代モデルで、Firefly Web版の「テキストから画像生成」に実装されています。生成される画質とプロンプトへの理解力が高まり、生成された画像をカスタマイズする機能も追加されています。なお、2023年10月現在、Firefly Image 2 Modelはベータ版で、「プロンプト候補」など、一部英語のみ対応の機能もあります。

### テキストから画像生成の画面構成

❶［モデルバージョン］：Fireflyのモデルを［Firefly Image 2］と［Firefly Image 1］を切り替えます。

❷［縦横比］：画像の縦横比を［横（4:3）］、［縦（3:4）］、［正方形（1:1）］、［ワイドスクリーン（16:9）］から選択できます。

❸［コンテンツタイプ］：生成画像の雰囲気を［写真］（写実的）か［アート］（絵画的）を選択でき、その効果の強さをスライダーで指定できます。

❹［スタイル］：画像に適用する効果を指定します（次ページ参照）。

❺［プロンプト］パネル：プロンプトや画像の生成、設定されたスタイルを制御します。

## ○ スタイルパネル

生成された画像に適用するスタイルを制御する機能がまとめられています。

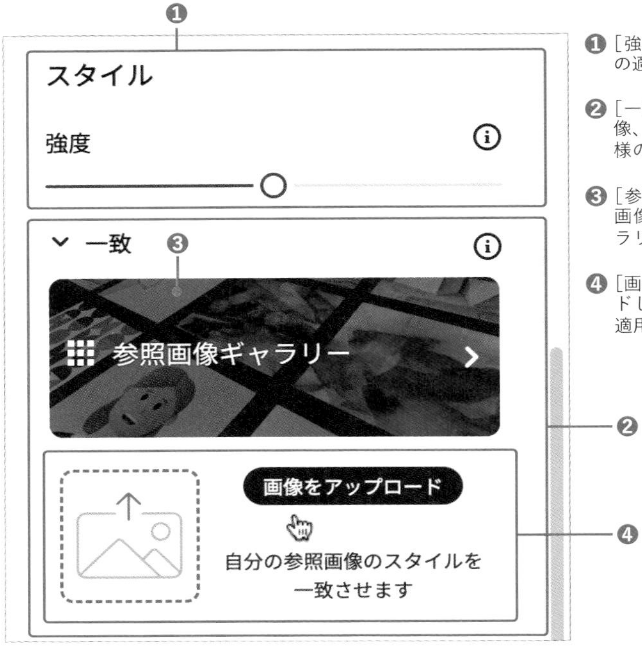


❶［強度］：指定した［一致］または［効果］の適用レベルをスライダーで指定します。

❷［一致］：ユーザーがアップロードした画像、または用意されたサンプル画像と同様のスタイルを生成画像に適用します。

❸［参照画像ギャラリー］：スタイルの参照画像として適用するサンプル画像のギャラリーが表示されます。

❹［画像をアップロード］：画像をアップロードし、その画像のスタイルを生成画像に適用します。

### 生成Matchとは

「生成Match」は、スタイルパネルの［一致］に用意されているプロンプトによる画像生成を参照画像で補完する機能で、イメージの「こんな感じ」の部分を既存の画像で指定できます。アップロードした画像のスタイルを自動的に検出し、生成する画像に適用します。また、手元にイメージに該当する画像がない場合は、用意された133種類の参照画像から指定することもできます。

［参照画像ギャラリー］：17のカテゴリに133種類の参照画像が用意されています。

［画像をアップロード］：アップロードした画像のスタイルを生成画像に適用します。

[効果]：生成画像に追加する効果が［人気］、［流行］、［テーマ］、［テクニック］、［効果］、［マテリアル］、［コンセプト］の7つのカテゴリに124種類用意されています。

❶［カラーとトーン］：［白黒］や［パステルカラー］など画像の色調を設定できます。

❷［ライト］：［バックライト］や［スタジオ照明］など、光の当たり方や光の種類などを設定できます。

❸［合成］：カメラの角度や撮影方法などの効果を設定できます。

### ○ 写真設定パネル

［コンテンツタイプ］が［写真］の場合に利用できる機能です。カメラの機能を調整することで、ぼかし効果と視野の広さを指定できます。

［写真設定］：カメラの［絞り］や［シャッタースピード］を調節してぼかし効果を設定したり、レンズの［視野］をスライダーで調節したりすることができます。

### ○ プロンプトパネル

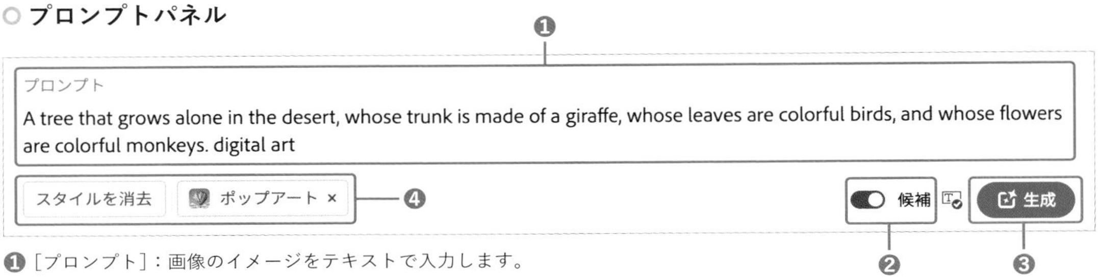


❶［プロンプト］：画像のイメージをテキストで入力します。

❷［候補］：プロンプトの言い換え候補の表示／非表示を切り替えます（2023年10月現在、英語のみ対応）。

❸［生成］（［更新］）：プロンプトに指定された画像の生成を実行します。

❹ スタイル：設定したスタイルが表示され、スタイルの解除も行えます。

### プロンプト候補とは

「プロンプト候補」は、プロンプトに曖昧だったり、不明な部分があったりした場合に、プロンプトの内容を提案する機能です。プロンプトに候補がある場合は、ポップアップ画面に表示され、目的の内容をクリックして指定します。なお、2023年10月現在、「プロンプト候補」はベータ版で英語のみの対応です。

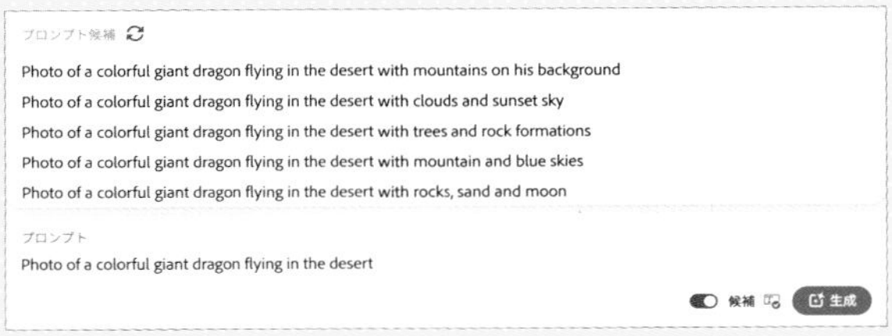


## イメージをプロンプトで指定して画像を生成しよう

### Fireflyの［ホーム］ページを表示する

「Firefly」をキーワードにFireflyのWebサイトを表示し、［Fireflyを無料で始める］をクリックして、Fireflyの［ホーム］ページを表示します。その際、Adobeアカウントにログインしていない場合は、ログインを求められます。

［Fireflyを無料で始める］をクリックします。

## テキストから画像生成］の操作画面に切り替える

［テキストから画像生成］にある［生成］をクリックして、［テキストから画像生成］の操作画面を表示します。

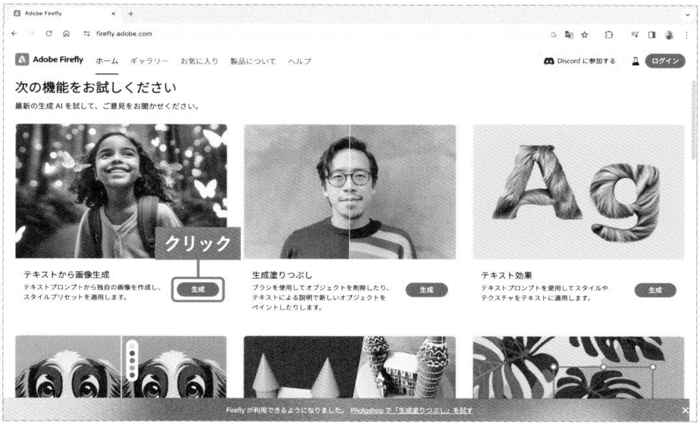


［テキストから画像生成］にある［生成］をクリックします。

## 画像を生成する

下部にある入力ボックスに生成したい画像のプロンプトを入力し、［生成］をクリックします。ここではプロンプトに「宇宙空間に浮かぶ小惑星の上にある城」と入力します。

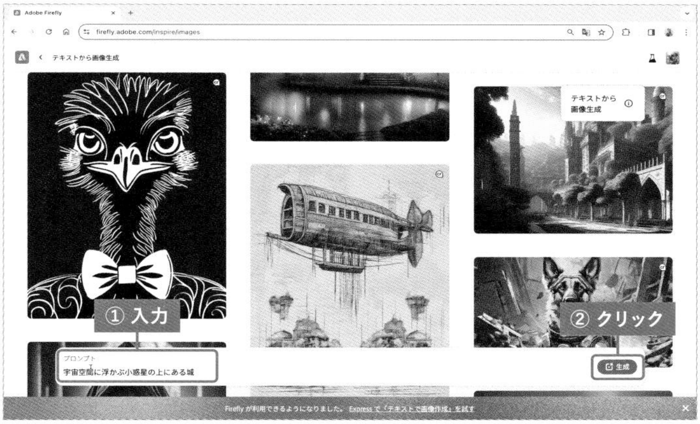


生成したい画像のプロンプトを入力し、［生成］をクリックします。

### プロンプトとは

「プロンプト」は、生成したい画像のイメージを指示するテキストです。被写体の種類、色、サイズ、スタイルや描画の方法などを具体的に書き込むことで、イメージに近い作品が生成されます。きれいな文章にする必要はなく、画像生成に必要な語句を適切な順番で入力します。また、「テキストから画像生成」に用意されている［スタイル］や［カラーとトーン］、［ライト］、［合成］の各項目名で色やスタイルなどを指定するとイメージに近い画像になります。

## 画像の縦横比を変更する

プロンプトの指示に該当する画像が4つ表示されるので、内容を確認します。パネルにある［縦横比］で［縦（3:4）］を選択します。また、コンテンツタイプに［アート］を選択し、その効果の適用量は「視覚的な適用量」のスライダーをドラッグして指定します。

［縦横比］と［コンテンツタイプ］選択して、効果の適用量を調節します。

### 画像の縦横比を設定する

「テキストから画像生成」では、作品の縦横比を次の中から指定することができます。目的やイメージに合わせて縦横比を変更してみましょう。

- 横（4:3）
- 縦（3:4）
- 正方形（1:1）
- ワイドスクリーン（16:9）

### コンテンツタイプを選択する

「コンテンツタイプ」は、画像のタイプを設定できるメニューです。より写実的な［写真］と絵画に近い［アート］のどちらかを選択し、その効果の強さを［視覚的な適用量］のスライダーで調節することができます。

## 画像にスタイルを適用する

［効果］のカテゴリで［テーマ］をクリックし、［テーマ］スタイルのリストを展開して、［デジタルアート］を選択します。

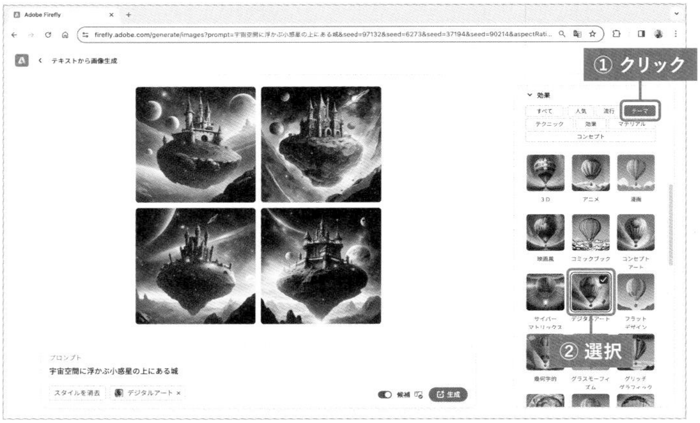


［テーマ］をクリックし、リストで［デジタルアート］を選択します。

## 2つ目のスタイルを設定する

［効果］のカテゴリで［流行］をクリックし、リストを展開して、2つ目のスタイルに［サイバーパンク］を選択します。［生成］をクリックして、画像生成を実行します。

［流行］をクリックして、［サイバーパンク］を選択し、［生成］をクリックします。

## 新しい画像が生成される

変更が反映された画像が4つ表示されます。目的の画像をクリックします。

さらに別の画像が見たいときは、［更新］をクリックすると、画像が再生成されます。その際、以前の画像も保持されるので、必要な場合は何度か更新しましょう。

目的の画像をクリックします。再生成したい場合は［更新］をクリックします。

### 効果を設定する

［効果］は、画像に指定した特殊効果を適用できる機能で、［人気］［流行］、［テーマ］、［テクニック］、［効果］、［マテリアル］、［コンセプト］の7つのカテゴリに124種類用意されています。効果は複数設定することができ、後から削除することもできます。画像のイメージや目的、好みに合わせて適用してみましょう。

## ファイルをダウンロードする

画像上にマウスポインターを合わせると、操作ボタンが表示されます。[その他のオプション] をクリックし、表示されるメニューで [ダウンロード] をクリックします。

[その他のオプション] をクリックし、[ダウンロード] をクリックします。

## コンテンツ認証情報の適用を確認する

画像をダウンロードする際に、AIで生成されたコンテンツであることを確認できるコンテンツ認証情報が付与される内容のメッセージが表示されます。[続行] をクリックします。

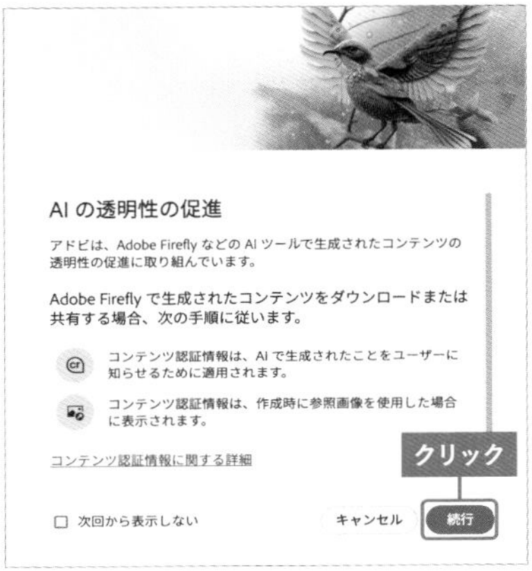


[続行] をクリックします。

### 画像を生成できないワードがある

Fireflyは、Adobe Stockなど著作権フリーの画像を使って画像生成します。そのため、有名人の名前やブランド名などからは画像を生成できません。また、生成AIユーザーガイドラインに抵触するため、次のようなワードからは画像を生成できません。

- ポルノ的な表現、素材
- 差別的、憎悪的、またはきわめて不快なコンテンツ
- 全ての暴力表現または流血表現
- 違法な行為や物品
- 危害を及ぼす可能性や誤解を招く、詐欺的なコンテンツ
- 他人の個人情報

## 画像を保存する

ファイル名が自動で表示されるので、必要に応じて編集し、保存先を指定して、[保存] をクリックします。

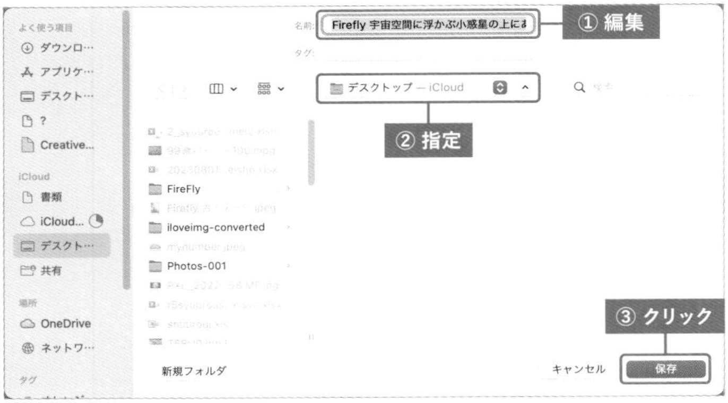


ファイル名を編集し、保存先を指定して、[保存] をクリックします。

### イメージに近い画像を生成するコツ

テキストから画像を生成するには、少なくとも3つの単語が必要です。「被写体」と「その状態」、「素材」、「スタイル」や「効果」などを直接的かつ具体的な、シンプルな単語で表現しましょう。また、プロンプトには、「生成する」や「作成する」と入力する必要はありません。「テキストから画像生成」で、自分のイメージに近い画像を生成するには、スタイルメニューにある[コンテンツタイプ]や[スタイル]、[カラーとトーン]、[ライト]、[合成]の各項目名をプロンプトとして入力するのも効果的です。

### 生成された画像をさらに編集しよう

生成された画像にマウスポインターを合わせて、[編集]をクリックすると、さらに画像を編集できるメニューが表示されます。[編集]メニューを利用すると、[生成塗りつぶし]やAdobe Expressを使って編集したり、似た画像を生成したりすることができます。編集機能を使って、生成された画像に自分のアイデアやフィーリングを加えてみましょう。

**Fireflyの機能で編集**

- [生成塗りつぶし]：生成塗りつぶしの画面で、背景やオブジェクトを差し替えたり、追加したりできます。
- [似た画像を生成]：現在の画像をベースに似た要素を持つ画像が生成されます。

**Adobe Expressの機能で編集**

- [フィルターと調整を適用]：明るさや色などを調整できます。
- [背景を削除]：画像の背景を削除します。
- [テキストなどを追加]：タイトルなどのテキストを追加します。

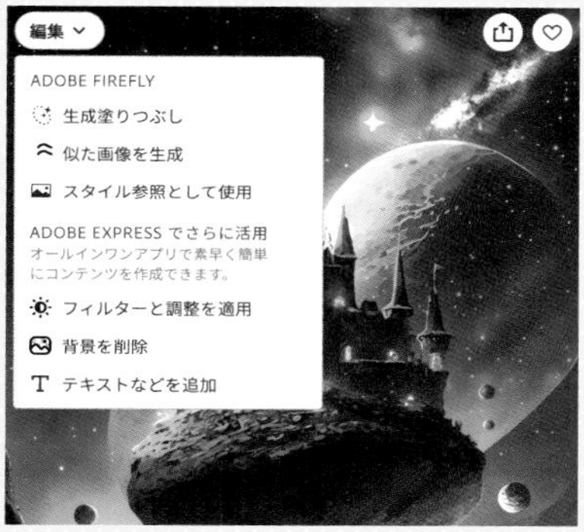


## 画像のスタイルを生成画像に適用する

### 生成された画像を確認する

「テキストから画像生成」の画面で、「南国リゾートの砂浜から水平線に沈む夕日を見る」をプロンプトとして入力し、画像を生成しています。スタイルパネルの[一致]にある[参照画像ギャラリー]をクリックし、[参照画像ギャラリー]を表示します。

[一致]にある[参照画像ギャラリー]をクリックします。

## 参照画像を使ってスタイルを指定する

生成する画像のスタイルを言い表す単語がわからない場合は、参照画像ギャラリーから選択します。[参照画像ギャラリー] には、[水彩画] や [鉛筆] など17のカテゴリに133種類の画像があります。また、目的のスタイルの画像をファイルとして保持している場合は、[一致] にある [画像をアップロード] をクリックし、そのファイルをアップロードして生成画像に適用させることもできます。

### 参照画像のスタイルを適用する

目的のカテゴリを表示し、イメージに近い画像をクリックしてオンにし、[生成] をクリックします。

目的のスタイルの画像をクリックしてオンにして、[生成] をクリックします。

### 画像にスタイルが適用される

参照画像のスタイルが適用された画像が生成されました。

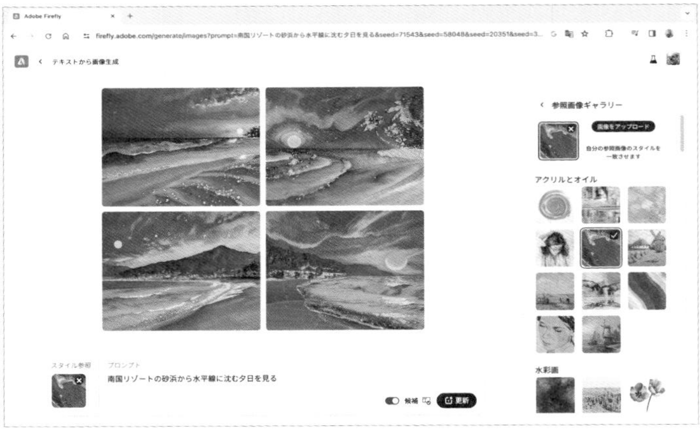

## カメラを操作するようにスタイルを指定する

### 写真設定パネルを展開する

「日本犬　写真」をプロンプトに画像を生成しています。パネルの最下部を表示し、[写真設定] の [>] をクリックしてパネルを展開します。

パネルの最下部を表示し、[写真設定] の [>] をクリックします。

### 写真設定とは

「写真設定」は、カメラの手動での設定と同じように、絞りやシャッタースピード、視野を調節することで、ぼやけ効果やズームなどの効果を適用できる機能です。動く被写体にスピード感を表現する、被写界深度を調節して背景をぼやけさせるなど、写真撮影のイメージで効果を調節できて便利です。なお、「写真設定」は、生成された画像のコンテンツタイプが [写真] の場合にのみ表示されます。

### ぼかし効果とズームを調整する

[絞り]、[シャッタースピード] のスライダーをドラッグしてぼやけの程度を調整し、[視野] のスライダーをドラッグしてズームの調整をします。[生成] をクリックして、画像の生成を実行します。

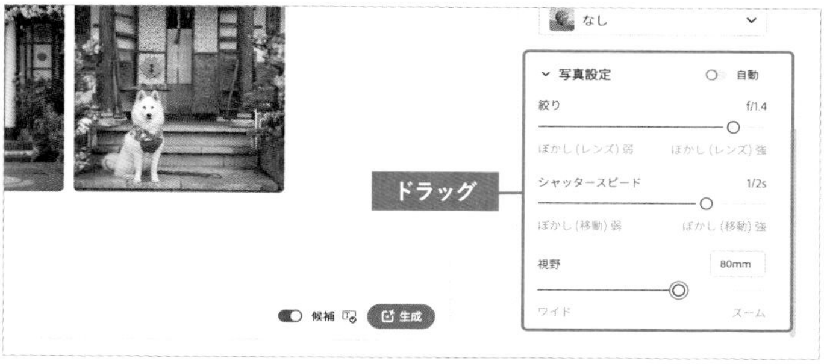

ぼやけの程度やズームのレベルを調整します。

### ぼかし効果とズームが変更される

背景がぼやけて、犬がアップになりました。

Column

## カラーとトーンの設定を変更する

スタイルメニューにある［カラーとトーン］では、色の傾向を指定して、画像全体の印象を調節することができます。色合いは、［なし］、［白黒］、［寒色］、［金色］、［単色］、［落ち着いたカラー］、［パステルカラー］、［調色した画像］、［鮮やかなカラー］、［暖色］の10項目から選択できます。各項目の効果を確認してください。

［なし］

［白黒］

［寒色］

［金色］

［単色］

［落ち着いたカラー］

［パステルカラー］

［調色した画像］

［鮮やかなカラー］

［暖色］

Column

### ライトの設定を変更する

［ライト］のメニューを利用すると、光の強さや色などを変更することができ、画像の雰囲気や印象を変えることができます。ライトの効果は、［なし］、［バックライト］、［ドラマチックな照明］、［ゴールデンアワー］、［強い光］、［長時間露光］、［微光］、［多重露光］、［スタジオ照明］、［超現実主義の証明］の10項目が用意されています。光の方向や強さを試して、一番印象の良い照明効果を探してみましょう。

［なし］

［バックライト］

［ドラマチックな照明］

［ゴールデンアワー］

［強い光］

［長時間露光］

［微光］

［多重露光］

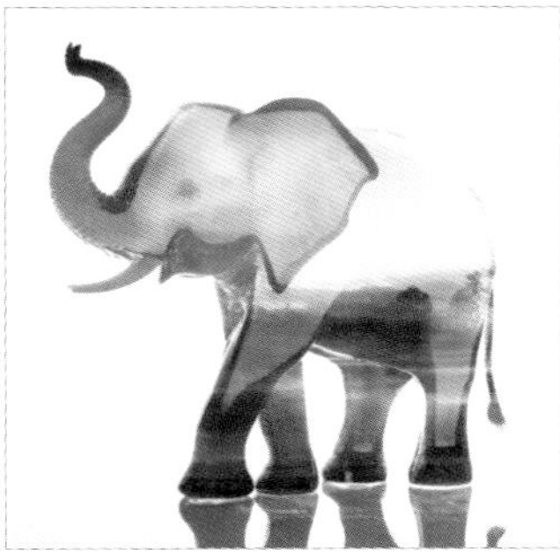

［スタジオ照明］

［超現実主義の照明］

Column

## 合成の設定を変更する

［合成］メニューを利用すると、［クローズアップ］や［俯瞰］、［あおり］などアングルや画角を工夫した効果を適用できます。［なし］、［クローズアップ］、［ノーリング］、［風景写真］、［マクロ写真］、［窓を通して撮影］、［浅い被写界深度］、［俯瞰］、［あおり］、［表面のディテール］、［広角］の11項目が用意されています。大胆に構図が変わることはありませんが、画像のちょっとした角度や見せ方で印象が左右されることもあります。

**［なし］**

**［クローズアップ］**

被写体を大きく見せます。

**［ノーリング］**

**［風景写真］**

**［マクロ写真］**

［窓を通して撮影］

［浅い被写界深度］

［俯瞰］

［あおり］

［表面のディテール］

［広角］

Section 03

# 写真を思い通りに加工しよう

Firefly Web版の「生成塗りつぶし」では、選択した範囲をプロンプトで指定した画像で塗りつぶします。選択範囲やプロンプトを工夫すると、背景を差し替えたり、不要なものを削除したり、新たにオブジェクトを追加したりすることができます。背景を宇宙にしてみたり、空にドラゴンを飛ばしてみたり、自由な発想で画像を楽しく編集してみましょう。

## 背景を変えてみよう

### [生成塗りつぶし] の操作画面に切り替える

Fireflyの [ホーム] ページを表示します。[生成塗りつぶし] にある [生成] をクリックし、[生成塗りつぶし] の操作画面に切り替えます。

[生成塗りつぶし] にある [生成] をクリックします。

### 画像の選択画面を表示する

[画像をアップロード] をクリックし、画像の選択画面を表示します。

[画像をアップロード] をクリックします。

## 生成する元の画像を選択する

画像の保存先を開き、目的の画像をクリックして選択し、[開く] をクリックします。

目的の画像をクリックし、[開く] をクリックします。

## 背景の範囲を指定する

中央下にあるツールボックスで [背景] をクリックします。

[背景] をクリックします。

## ブラシの設定メニューを表示する

被写体以外の人物が背景に映り込んでいる場合は、ブラシを使って削除します。[設定] をクリックし、ブラシのメニューを表示します。

[設定] をクリックします。

## ブラシの設定を変更する

［ブラシサイズ］のスライダーをドラッグすると、ブラシのサイズを調節できます。ブラシのサイズを確定したら、再度［設定］をクリックし、メニューを閉じます。ブラシサイズは大きいほうが広い範囲をすばやく選択できます。

［ブラシサイズ］のスライダーをドラッグし、ブラシのサイズを調整します。

## 不要な部分を削除する

ブラシをドラッグすると、ドラッグした部分が削除されます。不要な部分をドラッグして削除します。

ブラシをドラッグし、不要な部分を削除します。

## プロンプトを入力する

プロンプトに「飛行機がたくさん停まっている滑走路」と入力し、［生成］をクリックします。

プロンプトを入力し、［生成］をクリックします。

### 画像が生成される

プロンプト（飛行機がたくさん停まっている滑走路）に該当する背景が生成されます。候補が3つ表示されるので、目的のものをクリックします。

目的の画像をクリックします。

### 画像を保持する

気に入った画像があればクリックして選択し、[保持]をクリックします。もっと画像を生成したい場合は、[さらに生成]をクリックし、候補を表示させます。

気に入った画像をクリックして選択し、[保持]をクリックします。

**生成された画像をさらに編集する**

背景を差し替えたり、オブジェクトを追加したりした画像をさらに編集したい場合は、一旦[保持]をクリックし、現在の状態を保存します。[保持]をクリックすると、ブラシのツールバーが表示されるので、オブジェクトの追加や削除の編集を行います。

### 画像をダウンロードして保存する

画像を保存するには、ダウンロードします。右上にある[ダウンロード]をクリックします。

[ダウンロード]をクリックします。

### コンテンツ認証情報の適用を確認する

画像をダウンロードする際に、AIで生成されたコンテンツであることを確認できるコンテンツ認証情報が付与される内容のメッセージが表示されます。[続行] をクリックして操作を進めます。

[続行] をクリックします。

### 画像を保存する

ダウンロードが完了したら、画像を保存します。ファイル名を入力し、保存先を指定して、[保存] をクリックします。

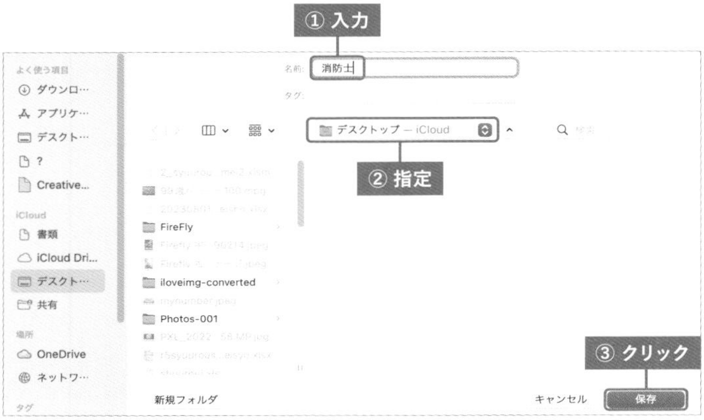


ファイル名を入力し、保存先（場所）を指定して、[保存] をクリックします。

## 不要な部分を消してみよう

### ツールを選択する

目的の画像をFireflyで開き、左のツールボックスで [削除] をクリックします。

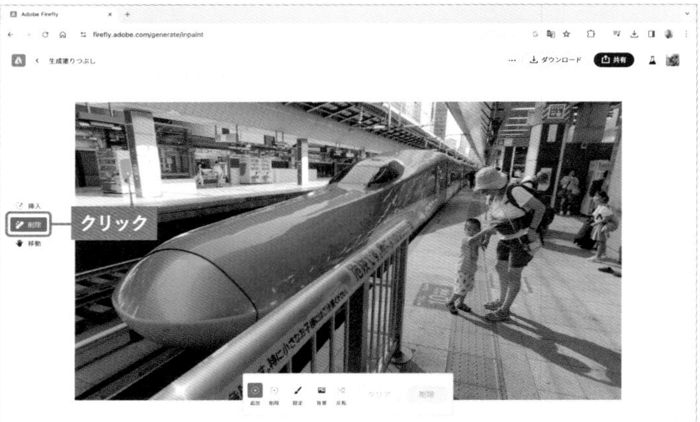


[削除] をクリックします。

## ブラシの設定を変更する

中央下にあるツールボックスで［設定］をクリックし、表示されるメニューで［ブラシサイズ］、［ブラシの硬さ］、［ブラシの不透明度］のスライダーをドラッグしてそれぞれを調整します。

［設定］をクリックし、ブラシのサイズや硬さ、不透明度を調整します。

## ブラシで削除する範囲を指定する

中央下にあるツールボックスで［追加］をクリックし、ブラシで不要な部分をドラッグします。

［追加］をクリックし、不要な部分をブラシでドラッグします。

## 削除する範囲を調整する

消しすぎてしまった場合は、中央下にあるツールボックスの左の［削除］をクリックし、消しすぎた範囲をドラッグします。消しすぎた範囲が復元されます。

［削除］をクリックし、消しすぎた範囲をドラッグして復元します。

### 目的の範囲を削除する

削除する範囲を設定したら、中央下にあるツールボックスの［削除］をクリックします。

［削除］をクリックします。

### 不要な部分が塗りつぶされる

不要な部分が削除され、その部分が元々なかったように画像が生成されます。

不要な部分が塗りつぶされました。

## モノを追加してみよう

### ブラシの設定メニューを表示する

目的の画像をFireflyで開き、左のツールボックスで［挿入］をクリックします。中央下にあるツールボックスで［追加］が選択されているのを確認し、［設定］をクリックします。

［挿入］をクリックして、［設定］をクリックします。

## ブラシの設定を変更する

表示されるメニューで［ブラシサイズ］、［ブラシの硬さ］、［ブラシの不透明度］のスライダーをドラッグしてそれぞれを調整します。

各項目のスライダーをドラッグし、ブラシの設定を調整します。

## オブジェクトを追加する範囲を指定する

オブジェクトを追加する位置をドラッグして、追加する範囲を指定します。

### オブジェクトの範囲は大きめに指定する

写真にオブジェクトを追加する場合、オブジェクトは指定した範囲より小さめに生成されるため、範囲を少し大きめに指定すると良いでしょう。

オブジェクトを追加する範囲をドラッグします。

## オブジェクトのプロンプトを入力する

挿入するオブジェクトについて具体的にプロンプト（ここでは「カラフルで大きな花火」）を入力し、［生成］をクリックします。

プロンプトを入力し、［生成］をクリックします。

### オブジェクトが追加される

指定した範囲にプロンプトで記述したオブジェクト（カラフルで大きな花火）が挿入されます。

オブジェクト（カラフルで大きな花火）が挿入されました。

## 色を置き換えてみよう

### ブラシの設定を変更する

目的の画像をFireflyの「生成塗りつぶし」で開きます。ここでは、シャツの色を変えてみます。

中央下にあるツールボックスで［設定］をクリックし、表示されるメニューで［ブラシサイズ］、［ブラシの硬さ］、［ブラシの不透明度］のスライダーをドラッグしてそれぞれを調整します。

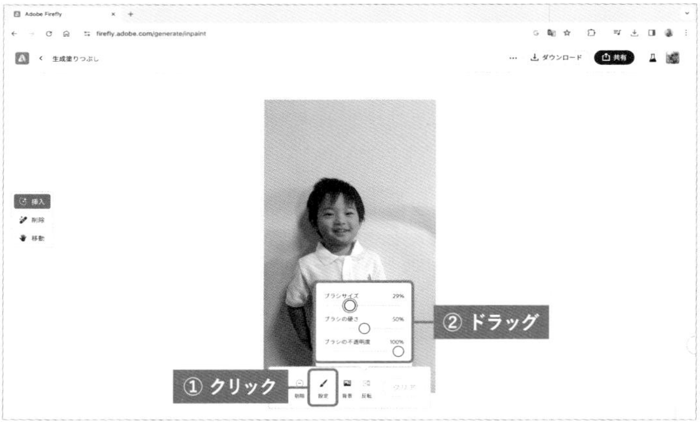


［設定］をクリックし、メニューで各項目のスライダーをドラッグして設定を調整します。

#### 上手に選択範囲を指定するコツ

この手順のようにシャツを選択範囲に指定する場合、形が複雑でうまくブラシで塗りつぶせないことがあります。この場合は、画面を拡大し、画面を移動させながら丁寧に塗りつぶしていきましょう。画像を拡大するには、Mac BookやラップトップPCの場合は、トラックパッドでピンチアウトし、Macのデスクトップの場合は、controlキーを押しながらスクロールジェスチャーをします。デスクトップPCの場合は、マウスホイールを回転させます。画面の移動は、キーボードでスペースキーを押しながら画像をドラッグします。

## 変更する範囲を指定する

色を変更するシャツの範囲をドラッグします。プロンプトに差し替えるシャツの内容を詳しく入力し（ここでは「水色のポロシャツ」）、［生成］をクリックします。

シャツの範囲をドラッグし、差し替えるシャツの内容を入力して、［生成］をクリックします。

## プロンプトで指定したシャツに生成される

プロンプト（水色のポロシャツ）に該当するシャツが表示されます。候補は3つ表示されるので、気に入ったものをクリックし、［保持］をクリックします。

目的の画像をクリックし、［保持］をクリックします。

### 指定した色の別のモノに置き換えられる

写真のシャツやズボンの色を変更する場合、写っているシャツの色が変更されるわけではありません。プロンプトで指定した色に該当する別のシャツを当てはめているだけです。そのため、袖や襟、皺などの形、大きさ、色が元のシャツやズボンとは異なっています。

Section 04

# オリジナルのロゴを作ってみよう

Fireflyでは、入力した文字をテキストで指定したイメージで表現できる「テキスト効果」が用意されています。プロンプトは、20文字までの日本語で指定します。また、テキスト生成には、Adobeの27種類のフォントが使用でき、商用にも利用することができます。これまでは、凝ったロゴの作成には、多くの手間と時間がかかりました。Fireflyの「テキスト効果」を利用すると、イメージを瞬時に形にすることができ、作業効率の向上に大きな力になるでしょう。

## イメージを指定してロゴを作成しよう

### ［テキスト効果］の操作画面に切り替える

Fireflyの［ホーム］ページを表示します。［テキスト効果］にある［生成］をクリックし、［テキスト効果］の操作画面に切り替えます。

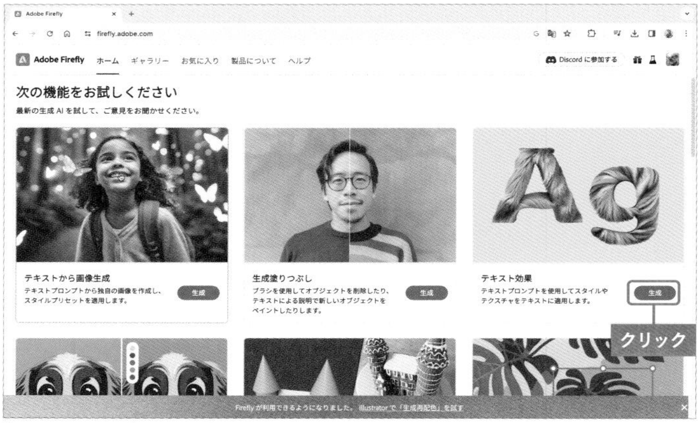


［テキスト効果］にある［生成］をクリックします。

### イメージをテキストで指定する

画面下にテキストボックスが表示されます。左のテキストボックスには、ロゴにする20字までの文字（ここでは「た」）を入力します。右のテキストボックスには、ロゴのイメージとなるプロンプト（ここでは「カラフルなキリン」）を入力し、［生成］をクリックします。

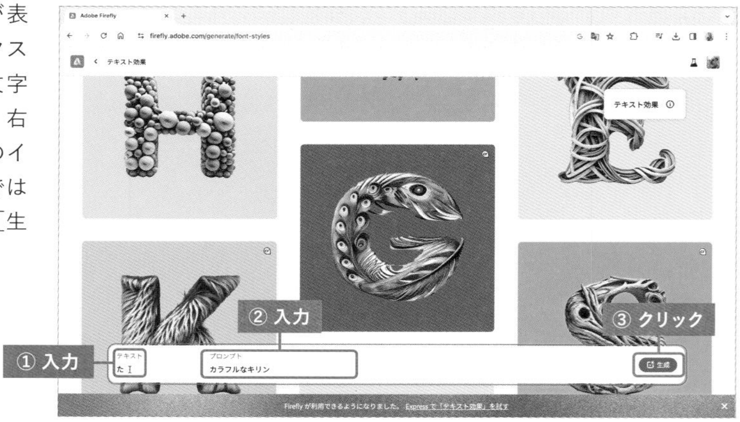


ロゴにする文字とイメージを入力し、［生成］をクリックします。

### 生成されたロゴを確認する

プロンプトをもとに4つのロゴが作成されます。気になるロゴをクリックすると、上に大きく表示されます。

プロンプトをもとに4つのロゴが作成されます。

### ロゴを切り替える

ロゴが切り替わるので、確認します。気に入った場合は、マウスポインターをロゴに合わせると表示される［その他のオプション］をクリックし、メニューで［ダウンロード］をクリックします。

候補のロゴをクリックし、確認します。

## 背景やフォントを変えてみよう

### フォントの種類を変更する

ロゴのシェイプのタイプとフォントの種類を画面右側のスタイルメニューで選択します。ここでは、シェイプのタイプに［ルーズ］を、フォントの種類に［源ノ角ゴシック］を選択します。

シェイプのタイプとフォントの種類を選択します。

### シェイプのタイプを変更する

画面右側のスタイルメニューにある［シェイプを一致］では、適用する効果やデザインをフォントの輪郭にどの程度フィットさせるかを設定することができます。

・タイト

フォントの輪郭にほぼ収まるように効果を適用します。

・ミディアム

フォントの輪郭から少しはみ出して効果やデザインを適用します。

・ルーズ

フォントの輪郭から大きくはみ出して効果やデザインを適用します。

## 背景色を指定する

画面右側のスタイルメニューで目的の背景色を選択し、［生成］をクリックします。

目的の背景色を選択し、［生成］をクリックします。

## フォントと背景色が変更された

［生成］をクリックします（クリック後は［更新］に変わります）。

これで、シェイプのタイプ、フォント、背景色の設定が変更されたロゴが生成されます。

［生成］をクリックします。

## ［テキスト効果］画面で利用できる和文・英文フォント

・源ノ角ゴシック

あいうえお
アイウエオ
ABCDE abcde
12345

・源ノ明朝-heavy

あいうえお
アイウエオ
ABCDE abcde
12345

・平成丸ゴシック

あいうえお
アイウエオ
ABCDE abcde
12345

・りょうDisplay Plus N

あいうえお
アイウエオ
ABCDE abcde
12345

・りょうゴシックPlus N

あいうえお
アイウエオ
ABCDE abcde
12345

・貂明朝

あいうえお
アイウエオ
ABCDE abcde
12345

・Acumin Pro

ABCDE abcde
12345

・Souce Sans 3

ABCDE abcde
12345

・Alfarm2

ABCDE abcde
12345

・10-Cooper

ABCDE abcde
12345

・Poplar

ABCDE abcde
12345

・Vortice

ABCDE ABCDE
12345

・News Gothic

ABCDE abcde
12345

・Hobo

ABCDE abcde
12345

・Warnock

ABCDE abcde
12345

・Source Serif 4

ABCDE abcde
12345

・Postino

ABCDE abcde
12345

・Sanvito

ABCDE abcde
12345

Section 05

# アートワークのカラーバリエーションを作成しよう

**Fireflyの「生成再配色」では、SVG形式の画像の色をテキストで指定した配色に置き換えることができます。これまで、配色を変更するには、色についての知識と経験が必要でした。「生成再配色」を使うと、配色のイメージをテキストで入力するだけで、バランスの良い配色のバリエーションを生成できます。また、後からハーモニーのタイプを変更したり、あらかじめ用意されたサンプルの配色を試したりすることもできます。**

## サンプルで試してみよう

### ［生成再配色］の操作画面に切り替える

Fireflyの［ホーム］ページを表示します。［生成再配色］にある［生成］をクリックし、［生成再配色］の操作画面に切り替えます。

［生成再配色］にある［生成］をクリックします。

### サンプル画像を選択する

目的のサンプル画像をクリックします。ここでは、プロンプトに［甘いデザート］が設定されているサンプルを選択します。

目的のサンプル画像をクリックします。

## プロンプトの内容と配色を確認する

配色を確認します。同じプロンプトで別の配色を試してみたいときは、[更新] をクリックします。

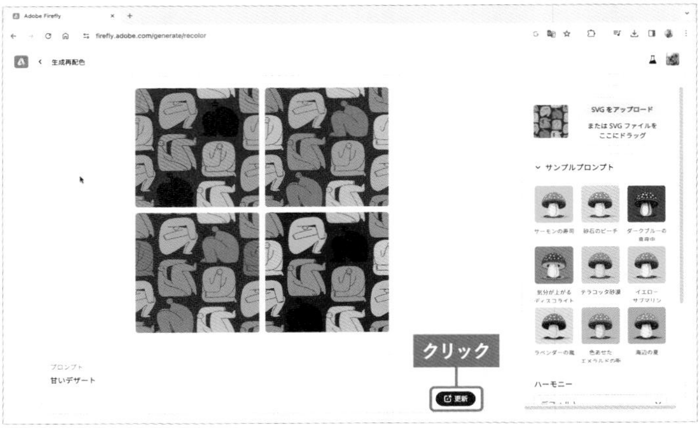

別の配色を試してみたいときは、[更新] をクリックします。

## サンプルプロンプトを適用する

画面右側の [サンプルプロンプト] で気になるサンプルをクリックして選択し、[生成] をクリックします。

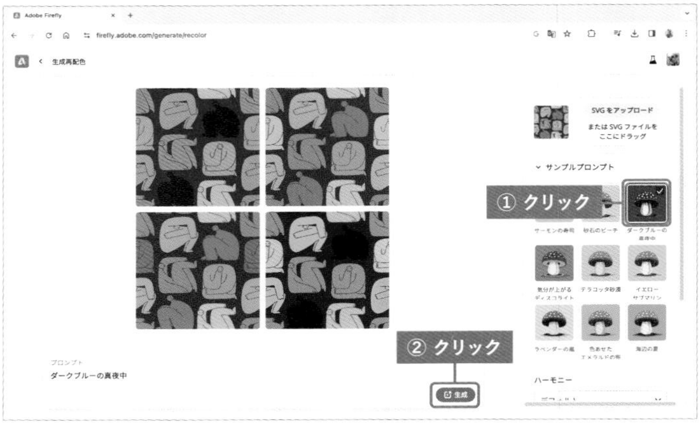

気になるサンプルをクリックし、[生成] をクリックします。

## 配色を確認する

[サンプルプロンプト] で指定した配色のバリエーションが生成されます。

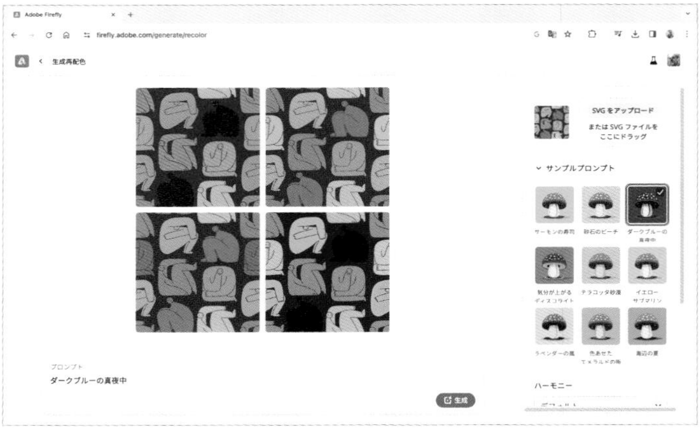

指定した配色のバリエーションが生成されます。

## サンプルプロンプトの作例

［生成再配色］の画面には、9種類の［サンプルプロンプト］が用意されています。イメージがうまく言葉にならないときは、［サンプルプロンプト］で近いものを選択し、試してみましょう。

・サーモンの寿司

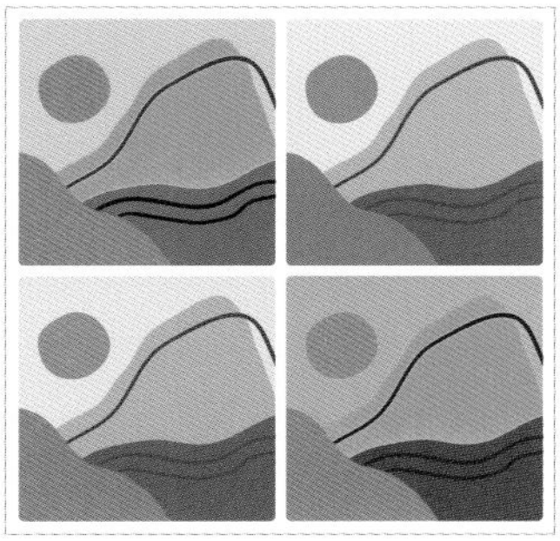

・砂石のビーチ

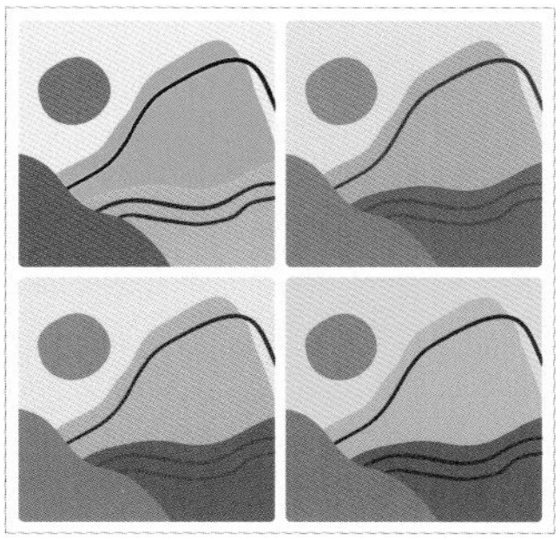

・ダークブルーの真夜中

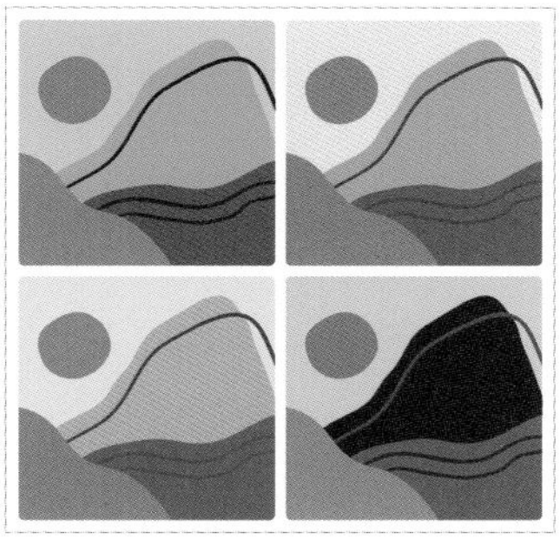

・気分が上がるディスコライト

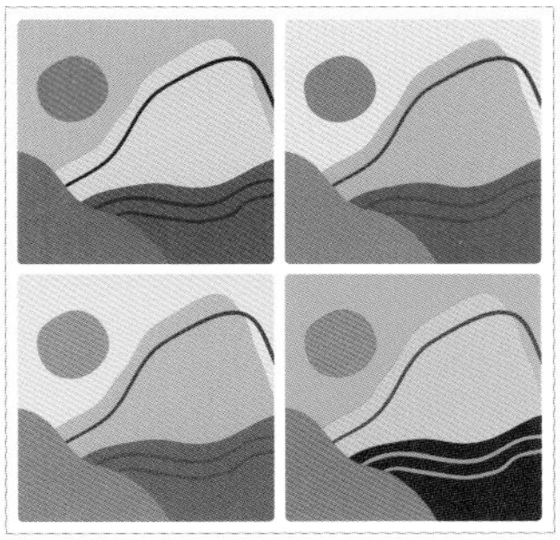

・テラコッタ砂漠

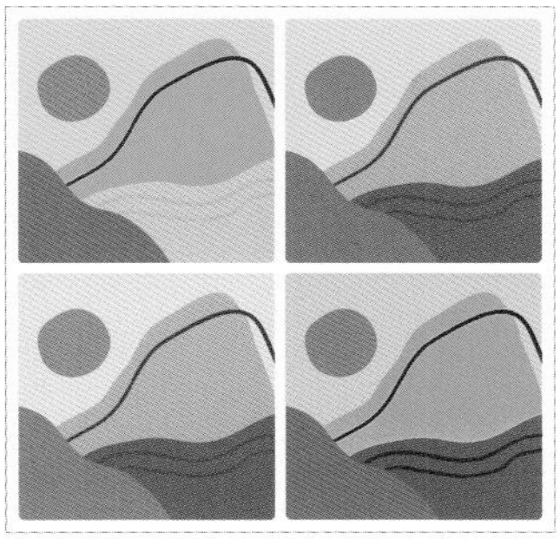

・イエローサブマリン

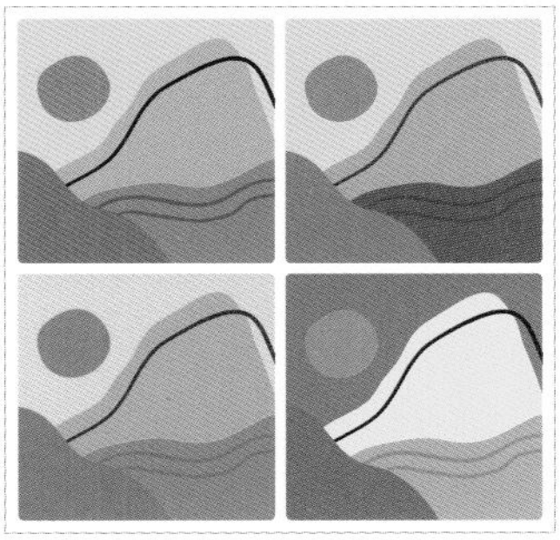

・ラベンダーの嵐

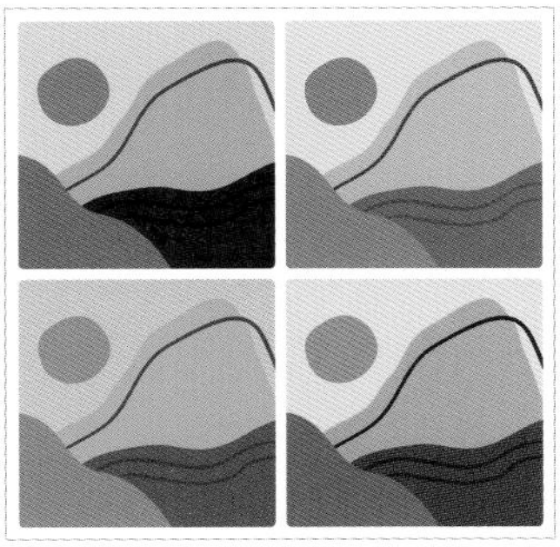

・色あせたエメラルドの街

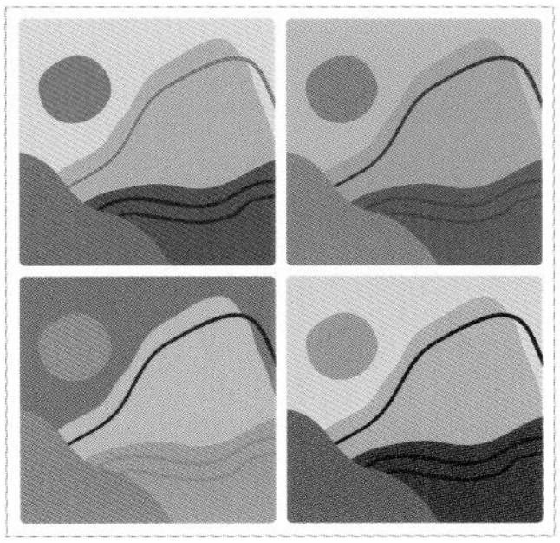

・海辺の夏

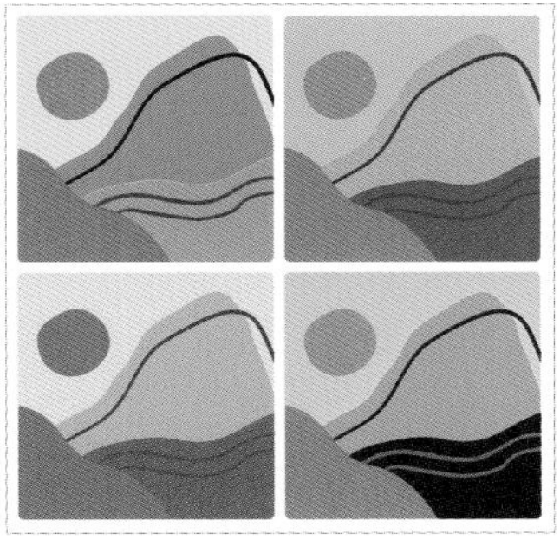

## ベースの色を設定してカラーハーモニーを適用しよう

### ベースとなる色を選択する

［ハーモニー］でベースとなる色を選択します。ここでは、［アジュール］をクリックします。

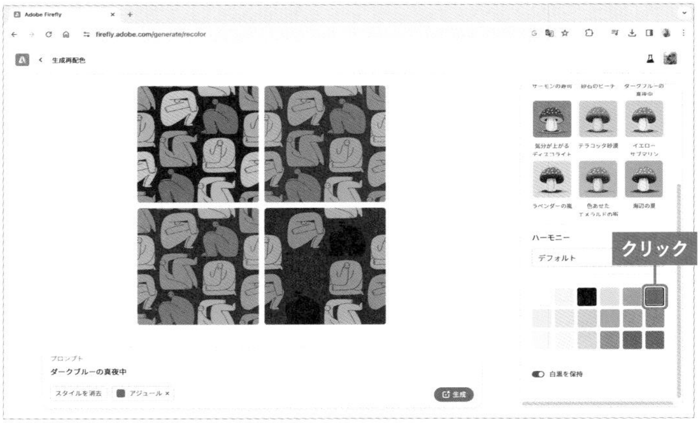


ベースとなる色をクリックして選択します。

**基本色を指定してカラーハーモニーを適用する**

配色がイメージと異なる場合、ベースとなる色を指定し、カラーハーモニーのタイプを指定することで、自分で配色を作成することができます。カラーハーモニーのタイプには、［補色］、［類似色］、［トライアド］、［分割補色］、［正方形］の5種類があります。なお、カラーハーモニーについては、次ページの解説を参照してください。

### カラーハーモニーの種類を選択する

［ハーモニー］で“補色”を選択し、［生成］をクリックします。

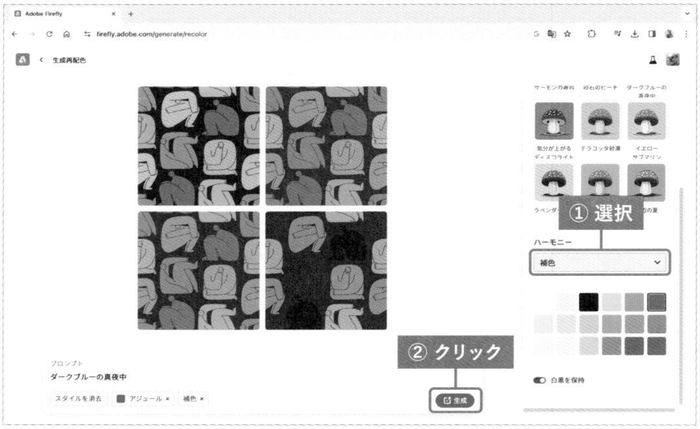


［ハーモニー］で“補色”を選択し、［生成］をクリックします。

### 生成された配色バリエーションを確認する

［アジュール］をベースの色とした補色の配色バリエーションが生成されます。

選択した色をベースとした補色の配色バリエーションが生成されます。

## カラーハーモニーと色相環について知っておこう

「カラーハーモニー」とは、2色またはそれ以上の配色に特定のルールを適用することで、統一感を生み出し、色の矛盾や衝突が起こらないように調和させることができます。［生成再配色］の［ハーモニー］には、［補色］、［類似色］、［トライアド］、［分割補色］、［正方形］の５種類のカラーハーモニーが用意されています。基本色を選択し、目的のカラーハーモニーを適用することで、簡単に配色のバリエーションを生成できます。基本色とカラーハーモニーをうまく組み合わせて、イメージに近い配色バリエーションを生成してみましょう。

### 色相環

「色相環」は、光の波長の違いによって知覚される色（色相）を赤、橙、黄、緑、青、藍、紫のように環状に並べたものです。色の性質をわかりやすく表すことができ、配色を決める際に利用されます。

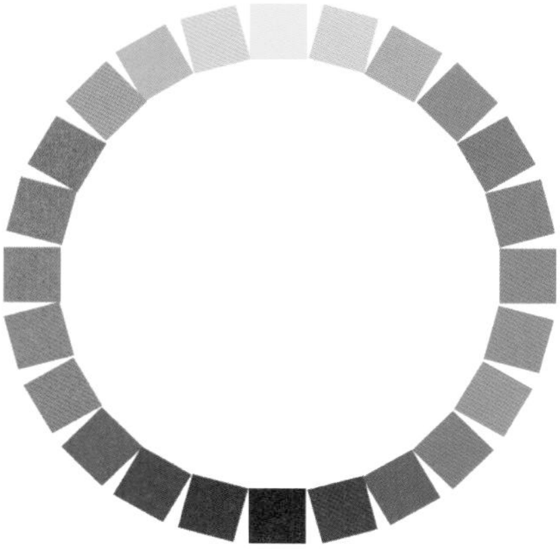

### ○ 補色

「補色」は、色相環で正反対に位置する色の組み合わせで、性質も真逆となるためコントラストが強い配色になります。

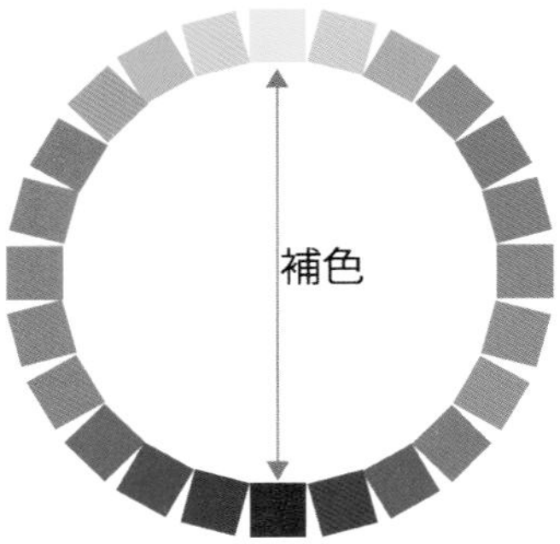


### ○ 類似色

「類似色」は、色相環で隣の位置にある色の組み合わせで、統一感のある配色になります。

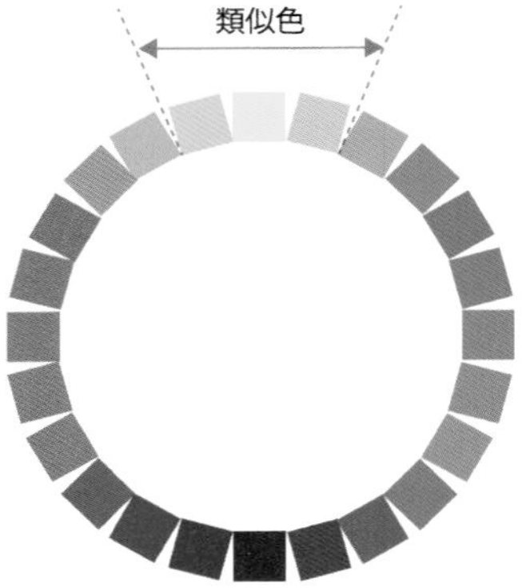


### ○ トライアド

「トライアド」は、色相環に正三角形を配置し、その頂点の位置にある3つの色の組み合わせで、どの角度でもその3色はバランス良く安定した配色になります。

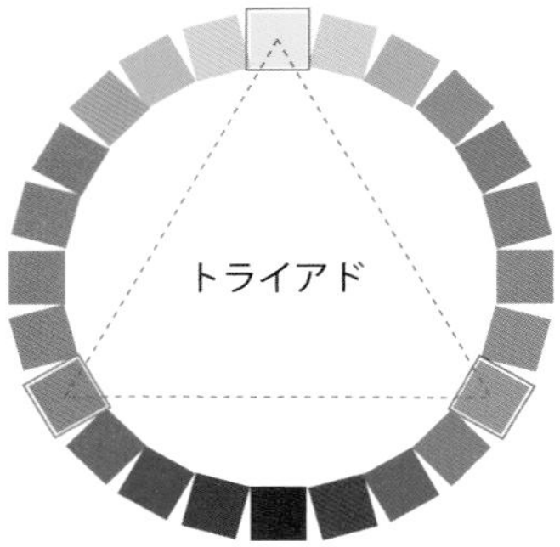


### ○ 分割補色

「分割補色」は、補色の隣にある色を組み合わせる配色で、補色と同じように目立たせることができますが、コントラストが抑えられ、落ち着いた印象を与えることができます。

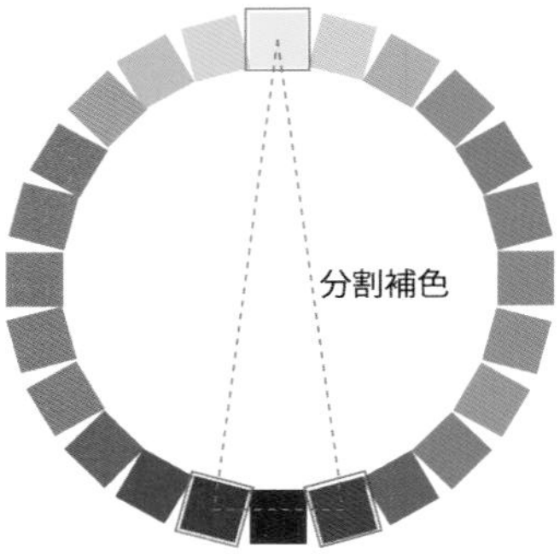

### ○ 正方形

「正方形」は、「テトラード配色」とも呼ばれ、色相環に正方形を配置し、その頂点の位置にある4つの色の組み合わせです。2組の補色の組み合わせとなるため、カラフルな印象になります。

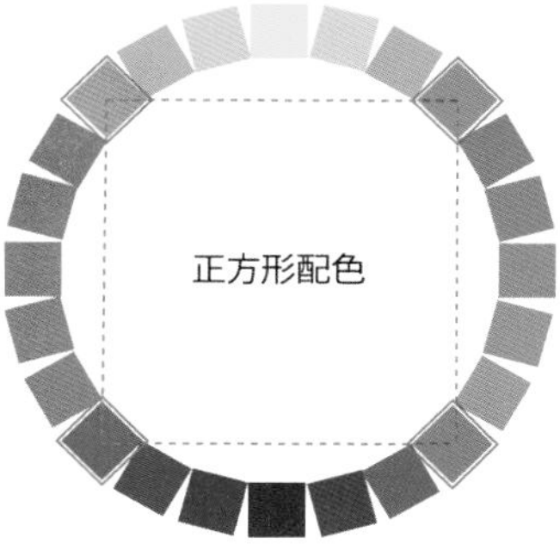


## 自分の作品のカラーバリエーションを作ってみよう

### 画像選択画面に切り替える

［生成再配色］のページを表示します。［SVGをアップロード］をクリックし、画像の選択画面を表示します。

［SVGをアップロード］をクリックします。

### 画像を選択する

画像の保存先を開き、目的のSVG画像をクリックして選択し、［開く］をクリックします。

目的のSVG画像をクリックし、［開く］をクリックします。

### プロンプトで配色のイメージを指定する

イメージする配色のプロンプト（ここでは「冬の朝のイメージ」）を入力し、[生成] をクリックします。

プロンプトを入力し、[生成] をクリックします。

### 目的の配色バリエーションが生成される

プロンプト（冬の朝のイメージ）のイメージに該当する配色が4つ生成されます。さらに色の組み合わせを生成するには、[更新] をクリックします。

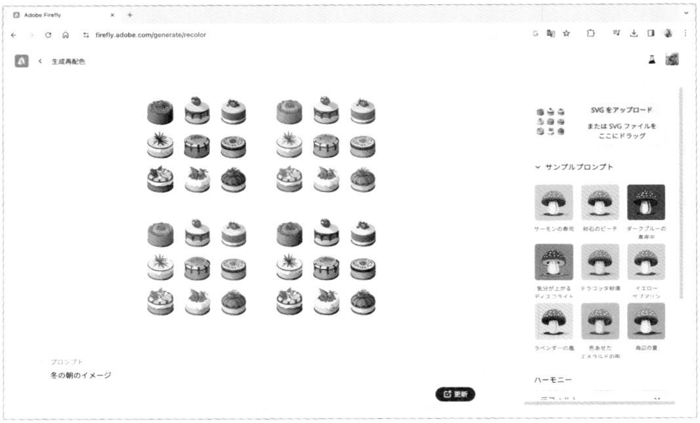


プロンプト（冬の朝のイメージ）のイメージに該当する配色が4種類生成されます。

## 配色を入れ替えよう

### 色の組み合わせを入れ替える

目的の画像にマウスポインターを合わせると、アイコンが表示されるので、[カラーをシャッフル] をクリックします。

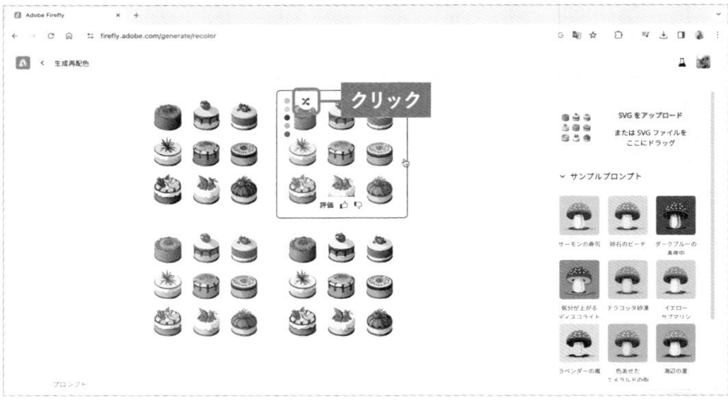


マウスポインターを画像に合わせ、 をクリックします。

### 配色を確認する

配色を構成する色の配置が入れ替わります。目的の画像をクリックします。

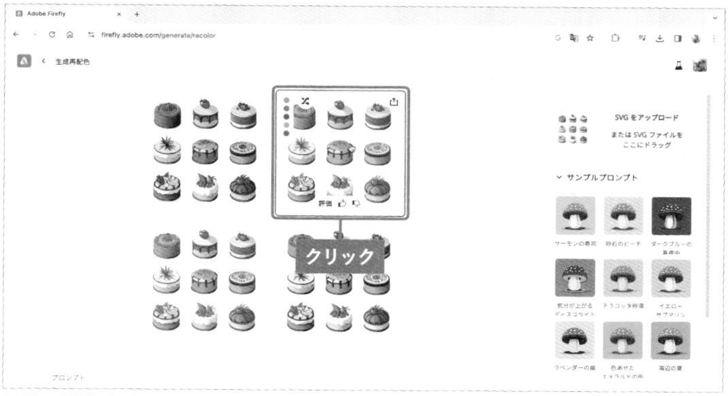

目的の画像をクリックします。

### 画像をダウンロードする

画像が拡大表示されます。ダウンロードしたいときは、[その他のオプション] をクリックし、表示されるメニューで[ダウンロード]をクリックします。

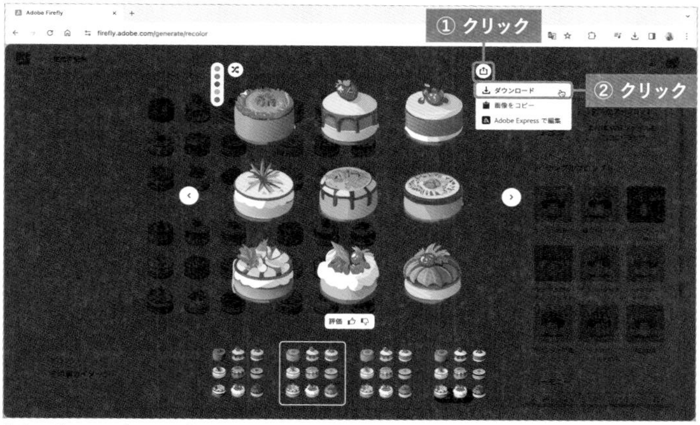

[その他のオプション] をクリックし、[ダウンロード] をクリックします。

### 画像を保存する

ファイル名が自動で表示されるので、必要に応じて編集し、保存先を指定して、[保存] をクリックします。

ファイル名を編集し、保存先を指定して、[保存] をクリックします。

## 保存された画像を確認する

画像が指定した場所に保存されます。ファイルを開いて確認します。

Column

### 白と黒を保持して再配色する

画像の白と黒を保持したまま再配色したい場合は、右のパネルの最下部にある［白黒を保持］をオンにします。また、白も黒も再配色の対象にする場合は、［白黒を保持］をオフにし、再配色を実行します。白と黒を再配色の対象にした場合は、白と黒も他の色に置き換えられるため、画像全体が若干鮮やかになります。

［白黒を保持］をオン

［白黒を保持］をオフ

# Chapter 3
# Photoshop × Firefly

Section 01

# Photoshopに生成AIがやってきた

Adobeは、2023年9月13日にFireflyの正式リリースを発表しました。それに伴って、Photoshop 2024がリリースされ、Fireflyを利用した「生成塗りつぶし」と「生成拡張」が新機能として追加されています。また、削除ツールやコンテキストタスクバーなどの新しい機能も用意され、直感的な操作で効率的にアイデアを形にすることができるようになりました。新しくなったPhotoshopで、難しくて諦めていたアイデアを作品にしてみましょう。

## Photoshop 2024はこれまでのPhotoshopとは違う

Photoshopは、今回のアップデートでこれまでとは次元を異にする進化を遂げました。生成AI・Fireflyが搭載されたことで、ただイメージをテキストにするだけで作品が出来上がります。画像の中から不要なオブジェクトを削除したり、オブジェクトを理想的な背景に配置したりすることも思いのままです。レイヤーやマスク、フィルターなど、ハイレベルな機能とテクニックを駆使しなくても、その手順を覚える必要もありません。しかも、出来上がった作品は、著作権フリーで商用利用も可能なのです。

しかし、Photoshopがただの生成AIアプリになったわけではありません。Fireflyは、あくまでも作品を効率的に仕上げるためのアシスタントであって、Fireflyが生成したものに個性を吹き込むのは、やはりユーザー自身です。既存のツールがFireflyの機能に置き換えられることもありません。感性をフル稼働させて、Photoshopの機能とテクニックを最大限活用しながら、これまでとは1歩も2歩も先を行く作品を作ってみましょう。

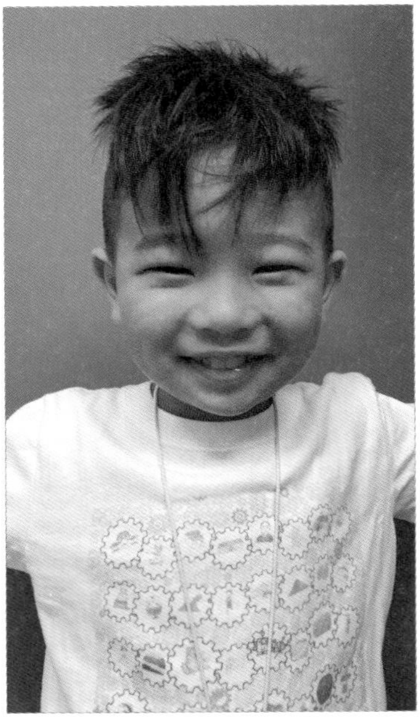

→

背景差し替え

ライブ会場の
ステージの上

＋

生成拡張

＋

オブジェクトの追加

青いエレキギター

→

## Photoshop 2024の稼働環境

Photoshop 2024は、Fireflyを搭載していることから、最新のOSが余裕を持って稼働できるMacやPCが望ましいでしょう。まずは、Photoshop 2024の最小システム構成と推奨システム構成を確認してみましょう。

### Macの最小システム構成と推奨システム構成

| 項目 | 最小 | 推奨 |
|---|---|---|
| プロセッサー | 64 ビットをサポートしている Intel® または Apple Silicon マルチコアプロセッサー（SSE 4.2 以降の 2 GHz 以上のプロセッサー） | ARM ベースの Apple Silicon プロセッサー |
| オペレーティングシステム | macOS Big Sur（バージョン 11.0）以降 | 古い OS を搭載したシステムで Photoshop を開始した場合 macOS Big Sur（バージョン13.4）。v10.15.x でインストールがブロックされる |
| RAM | 8 GB | 16 GB 以上 |
| グラフィックカード | ・Metal をサポートしている GPU<br>・1.5 GB の GPU メモリ | ・Metal をサポートしている GPU<br>・4K 以上のディスプレイの場合は 4 GB の GPU メモリ |
| モニターの解像度 | 1,280 ×800 のディスプレイ（100% の UI 拡大率の場合） | 1,920 ×1,080 以上のディスプレイ（100% の UI 拡大率の場合） |
| ハードディスク容量 | 20 GB のハードディスク空き領域 | 100 GB の使用可能ハードディスク領域<br>・アプリケーションのインストール用の高速内蔵 SSD<br>・仮想記憶ディスクを設定するための追加の高速ドライブまたは SSD |
| インターネット接続環境 | 必要 | 必要 |

### Windowsの最小システム構成と推奨システム構成

| 項目 | 最小 | 推奨 |
|---|---|---|
| プロセッサー | 64 ビットをサポートしている Intel® または AMD マルチコアプロセッサー（SSE 4.2 以降の 2 GHz 以上のプロセッサー） | |
| オペレーティングシステム | Windows 10 64 ビット（バージョン 22H2）以降（LTSC バージョンを除く） | |
| RAM | 8 GB | 16 GB 以上 |
| グラフィックカード | ・DirectX 12（機能レベル 12_0 以降）をサポートしている GPU<br>・1.5 GB の GPU メモリ<br>・販売開始から 7 年未満の GPU | ・DirectX 12（機能レベル 12_0 以降）をサポートしている GPU<br>・4K 以上のディスプレイの場合は 4 GB の GPU メモリ |
| モニターの解像度 | 1,280 × 800 のディスプレイ（100% の UI 拡大率の場合） | 1,920× 1,080 以上のディスプレイ（100% の UI 拡大率の場合） |
| ハードディスク容量 | 20GB のハードディスク空き領域 | 100 GB の使用可能ハードディスク領域<br>・アプリケーションのインストール用の高速内蔵 SSD<br>・仮想記憶ディスクを設定するための追加の高速ドライブまたは SSD |
| インターネット接続環境 | 必要 | 必要 |

## Photoshop 2024で使えるFireflyの機能

Photoshop 2024では、Fireflyの「生成塗りつぶし」と「生成拡張」が利用できます。Fireflyの機能で生成されたオブジェクトや背景は生成レイヤーにスマートオブジェクトとして書き出されるため、元の画像には影響を与えることなく加工することができます。

### 生成塗りつぶし

選択した範囲をテキストで指定した画像やパターンで塗りつぶす機能です。「背景の差し替え」、「オブジェクトの追加」「オブジェクトの削除」といった操作が行えます。

### 背景の差し替え

［被写体を選択］で選択範囲を反転して背景を選択し、「生成塗りつぶし」を実行することで背景を差し替えられます。

→ 暗い書斎の大理石の棚の上 →

### オブジェクトの削除

選択したオブジェクトを周囲の色やパターンで塗りつぶして削除します。

→

### オブジェクトの追加

選択した範囲にテキストで指定した画像を違和感なく追加します。また、この手順で被写体や背景の一部を別の画像に差し替えることもできます。

→ 無数の星が輝く宇宙空間、カラフルな宇宙服、発射された宇宙ロケット　写真 →

### 生成拡張

カンバスサイズを拡張した際の空白部分を自動的に補完できます。

→

Section 02

# 背景を変えてみよう

**Fireflyの「生成塗りつぶし」では、画像の選択した範囲をテキストで指定した画像に差し替えることができます。画像の背景を差し替えたいときは、被写体を選択し、選択範囲を反転することで背景を選択して、テキストで指定した画像で塗りつぶします。これまでは、イメージに近い背景画像をできるだけ多く探し出し、ひとつひとつ試していかなければなりませんでした。そういった手間のかかる作業を「生成塗りつぶし」機能に代行させることで、時間と手間を大幅に簡略化することができます。**

## 背景を差し替えよう

さまざまなシチュエーションでの写真が必要な場合、撮影場所を押さえたり、天候を気にしたりと、撮影は大仕事です。せめて、背景を差し替えてイメージを確認できたら…と思うでしょう。Photoshopの「生成塗りつぶし」を利用すると、背景の具体的なイメージをテキスト(プロンプト)で指定するだけで、簡単に背景を差し替えることができます。

Fireflyは世界100言語以上に対応しており、プロンプトに日本語も利用できます。ただし、2023年10月現在、「歌舞伎」や「下駄」、「紋付袴」、「丁髷」といった日本古来の名称については、イメージ通りに生成されない傾向があります。

→ 無数の光り輝く星のある宇宙空間 →

### Photoshopで生成塗りつぶしを使おう

Firefly Web版の「生成塗りつぶし」では、[背景]をクリックし、背景を示すプロンプトを入力するだけで簡単に背景を差し替えられます。しかし、利用できる機能が限られているため、自由に画像を編集したいユーザーには物足りないでしょう。Photoshop 2024で「生成塗りつぶし」を利用すると、Fireflyによって生成された画像は「生成レイヤー」にスマートオブジェクトとして書き出され、元画像には影響を与えずに加工することができます。また、Photoshopの機能を使って、生成された画像を自由に編集することができます。

## 写真の背景を変えてみよう

### 被写体の範囲を選択する

目的の写真を開き、コンテキストタスクバーにある［被写体を選択］をクリックします。

［被写体を選択］をクリックします。

### ［選択とマスク］ワークスペースに切り替える

被写体が選択されます。選択範囲メニュー→“選択とマスク”をクリックし、［選択とマスク］ワークスペースに切り替えます。

選択範囲メニュー→“選択とマスク”をクリックします。

### 選択範囲をオーバーレイで表示する

［表示］をクリックし、表示されるメニューで［オーバーレイ］をクリックします。

［表示］をクリックし、［オーバーレイ］をクリックします。

## 選択範囲を修正する

適切に選択されていない部分を拡大表示し、ツールパネルのオブジェクト選択ツールをクリックして、選択したい部分をクリックします。

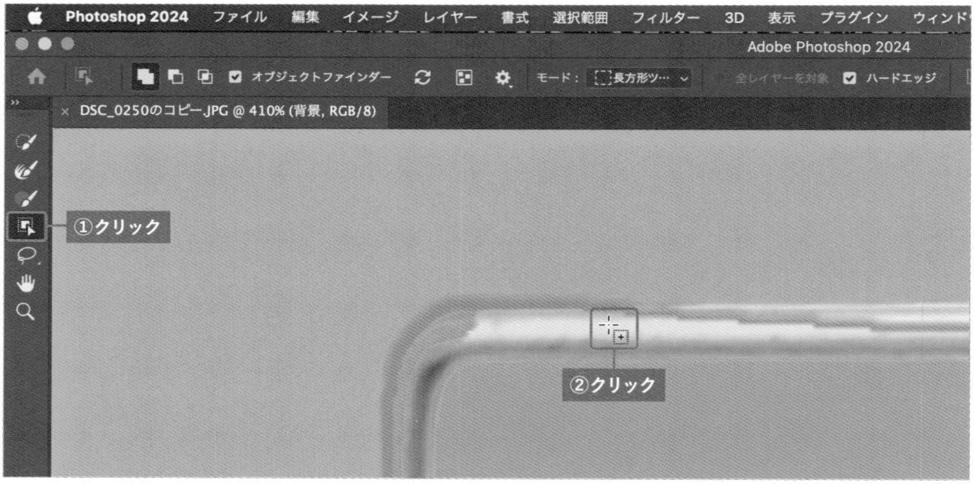

オブジェクト選択ツールをクリックし、選択したい部分をクリックします。

### 選択範囲を修正する

被写体を選択ツールは、かなりの精度で被写体を選択できますが、輪郭が曖昧な部分や背景と色や光の強さが似ている場合は、適切な選択範囲にならない場合があります。そんなときは、[選択とマスク] ワークスペースに切り替えて、選択範囲を修正しましょう。[選択とマスク] ワークスペースでは、選択されていない部分が赤で塗りつぶされているので、ブラシツールや境界線調整ブラシツール、クイック選択ツールなどを利用して選択範囲を修正します。

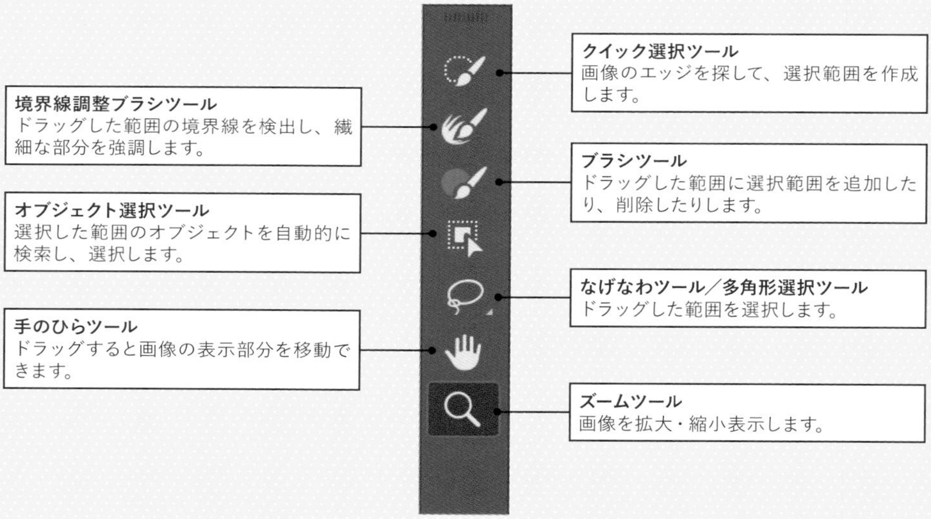

## ブラシツールの設定を変更する

ツールパネルでブラシツール をクリックし、[選択範囲から一部削除] をクリックします。[ブラシオプションを開く] をクリックし、表示されるメニューで[直径]のスライダーをドラッグしてブラシのサイズを調整します。

ブラシツールの[選択範囲から一部削除]→[ブラシオプションを開く]をクリックし、[直径]のスライダーをドラッグしてブラシのサイズを調整します。

## 選択範囲を調整する

選択範囲から削除する部分をドラッグして塗りつぶします。

選択範囲から削除する部分をドラッグします。

## 出力先を選択範囲に指定する

画面右の属性パネルの最下部を表示し、[出力先]に[選択範囲]を選択して、[OK]をクリックします。

[選択範囲]を選択し、[OK]をクリックします。

## 選択範囲を反転する

［選択とマスク］ワークスペースから切り替わります。選択範囲メニュー→“選択範囲を反転”をクリックして、背景を選択します。

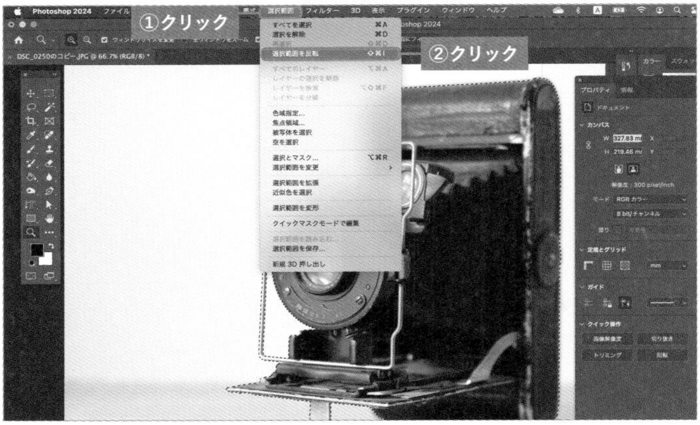

選択範囲メニュー→“選択範囲を反転”をクリックします。

## 「生成塗りつぶし」を実行する

コンテキストタスクバーにある［生成塗りつぶし］をクリックします。

［生成塗りつぶし］をクリックします。

## 生成する画像をプロンプトで指定する

プロンプトに「暗い書斎の大理石の棚の上」と入力し、［生成］をクリックします。指定した画像が生成されます。

「暗い書斎の大理石の棚の上」と入力し、［生成］をクリックします。

## バリエーションを選択する

プロンプトで指定した背景が生成されます。気に入らなければ、他のバリエーションをクリックします。

他のバリエーションをクリックします。

## 写真の背景が置き換えられる

他のバリエーションに切り替わります。もっとバリエーションを確認したいときは、コンテキストタスクバーあるいはプロパティパネルの［生成］をクリックします。

写真の背景が置き換えられました。

### 不要なバリエーションは削除する

［生成塗りつぶし］を実行した画像をPhotoshopのPSD形式で保存すると、生成したバリエーションがそのまま全て保存され、容量が重いファイルになってしまいます。複数のバリエーションを作成した場合は、不要なバリエーションを削除しましょう。バリエーションを削除するには、プロパティパネルの［バリエーション］の一覧で不要なバリエーションにマウスポインターを合わせ、表示されるゴミ箱のアイコンをクリックします。

## 被写体を背景になじませよう

### 被写体の範囲を選択する

目的の写真を開き、コンテキストタスクバーにある［被写体を選択］をクリックします。

［被写体を選択］をクリックします。

### ［選択とマスク］ワークスペースに切り替える

選択範囲メニュー→“選択とマスク”をクリックします。

選択範囲メニュー→“選択とマスク”をクリックします。

### 表示をオーバーレイに切り替える

［表示］をクリックし、表示されるメニューで［オーバーレイ］をクリックします。

［表示］をクリックし、［オーバーレイ］をクリックします。

## 髪の毛の範囲を調整する

［髪の毛を調整］をクリックし、細い髪の毛の選択を微調整します。

［髪の毛を調整］をクリックします。

## 境界線調整ブラシツールの設定を変更する

ツールパネルで境界線調整ブラシツールをクリックし、［検出領域を拡大］をクリックします。［ブラシオプションを開く］をクリックし、［直径］のスライダーをドラッグしてブラシの太さを調節します。

境界線調整ブラシツールの［検出領域を拡大］→［ブラシオプションを開く］をクリックし、［直径］のスライダーをドラッグしてブラシのサイズを調整します。

### 繊細で複雑な形を切り抜く

被写体と背景をうまく馴染ませるには、この手順に従って［髪の毛を調整］をクリックし、髪の毛の輪郭を抽出・選択して、選択しきれなかった繊細な部分を境界線調整ブラシツールで調整します。境界線調整ブラシツールは、ブラシサイズを大きくして選択すると、不要な部分まで選択されるなど、イメージ通りにならずに、かえって手間がかかることがあります。この場合、不要な部分はクイック選択ツールやブラシツールで選択し、境界線調整ブラシツールで輪郭を検出する領域をできるだけ小さくしておくとよいでしょう。

## 髪の毛の境界線の範囲を調整する

髪の毛の選択が不自然な部分は、ドラッグして境界線を微調整します。

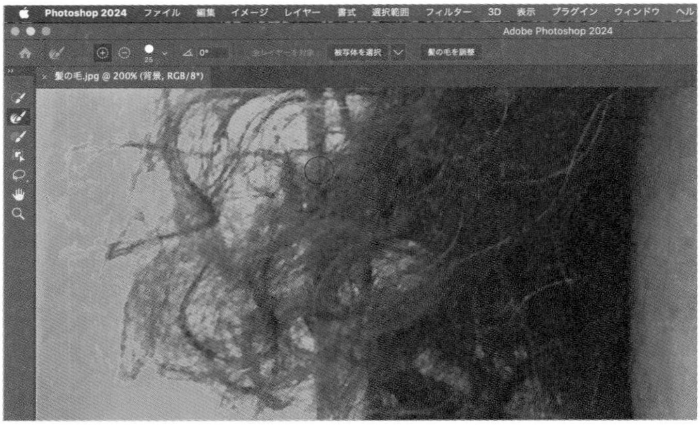

ドラッグして境界線を微調整します。

## 表示を［白黒］に切り替えて選択範囲を確認する

境界線の微調整が完了したら、［表示］をクリックし、表示されるメニューで［白黒］をクリックします。［白黒］に切り替えると、境界線が適切に選択されていることを確認できます。

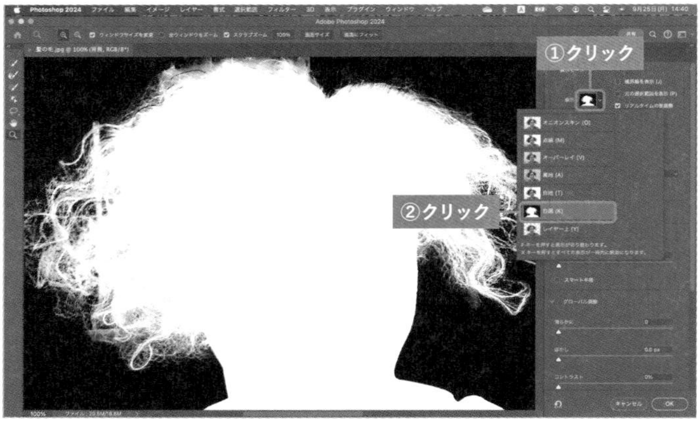

［表示］をクリックし、［白黒］をクリックします。

### エッジをなじませる

被写体の輪郭が全体的にはっきりしない場合は、エッジの検出パネルで［スマート半径］をオンにし、輪郭からの距離を指定して境界領域を設定してみましょう。境界領域を設定すると、Photoshopが画像全体の輪郭を検出して、指定された範囲を境界領域としてエッジを適切に処理します。輪郭がはっきりしている部分はそのままに、はっきりしない部分に境界領域を適用します。ただし、［スマート半径］のサイズを大きく設定すると、選択して欲しくない部分までエッジを検出しようとしてしまい、選択範囲に含まれてしまいます。

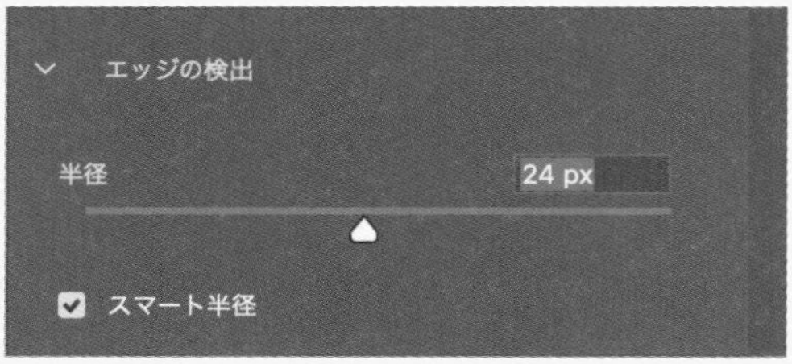

### マスクを選択範囲として書き出す

［表示］を［オーバーレイ］に戻しておきます。属性パネルの最下部を表示し、［出力先］に［選択範囲］を選択して、［OK］をクリックします。

［出力先］に［選択範囲］を選択し、［OK］をクリックします。

### 選択範囲を反転する

選択範囲メニュー→“選択範囲を反転”をクリックします。

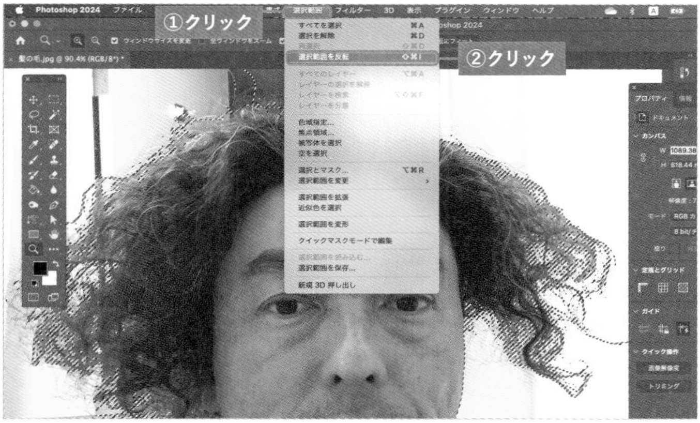


選択範囲メニュー→“選択範囲を反転”をクリックします。

### 「生成塗りつぶし」を実行する

コンテキストタスクバーにある［生成塗りつぶし］をクリックします。

［生成塗りつぶし］をクリックします。

## プロンプトを入力し生成を実行する

プロンプトに「南国リゾートの白い砂浜」と入力し、[生成] をクリックします。

プロンプトを入力し、[生成] をクリックします。

## プロンプトで指定した背景が生成される

プロンプトで指定した背景（南国リゾートの白い砂浜）が生成されます。他のバリエーションが必要な場合は、コンテキストタスクバーあるいはプロパティパネルの [生成] をクリックします。

[生成] をクリックします。

## バリエーションを選択する

たくさんのバリエーションの中から、イメージに近いものを選びましょう。

バリエーションを選択します。

Section 03

# 余分なものを削除してみよう

「生成塗りつぶし」を利用すると、画像に写り込んだ不要なオブジェクトを簡単な操作で削除することができます。写り込んでしまった人混みや人物、物を消したり、顔の影やシワ、ホクロなどを綺麗に補正したりすることができます。色やバランスを調整するのが難しくて、二の足を踏んでいた作業もあっという間です。まずは、「生成塗りつぶし」を使ってオブジェクトを削除してみましょう。

## 何もなかったように画像を生成する

「生成塗りつぶし」では、画像の一部を選択し、プロンプトを指定しないで[生成]をクリックすると、周囲のパターンや色などを読み込んで、そこには何もなかったように画像を生成します。電線や人物などを削除する地道な作業の手間と時間を劇的に効率化することができます。

右の例のように、写真から不要な電線や電柱、人物などを削除して、スッキリした構図の写真を生成してみましょう。

また、人物の顔から髭やシワを削除するといった使い方もできます。

人物のみを消した状態にします。

## 不要なオブジェクトを削除しよう

ここでは、人物の手前に写り込んだ柵を削除してみましょう。

### オブジェクト選択ツールを選択する

ツールパネルでオブジェクト選択ツールをクリックします。

オブジェクト選択ツールをクリックします。

### 削除する範囲を指定する

削除するオブジェクトを囲むようにドラッグします。

オブジェクトを囲むようにドラッグします。

### 削除するオブジェクトが選択される

目的のオブジェクトが自動的に選択されます。

オブジェクトが自動的に選択されます。

### 削除する範囲を追加する

shiftキーを押しながらオブジェクト選択ツールやその他の選択ツールで、目的の範囲を選択します。コンテキストタスクバーにある［選択範囲を修正］をクリックし、［選択範囲を拡張］をクリックします。

［選択範囲を修正］をクリックし、［選択範囲を拡張］をクリックして、削除する範囲を追加します。

### 選択範囲を10ピクセル拡張する

拡張量をピクセル数で入力します（コラム参照）。ここでは「10」を入力し、［OK］をクリックします。

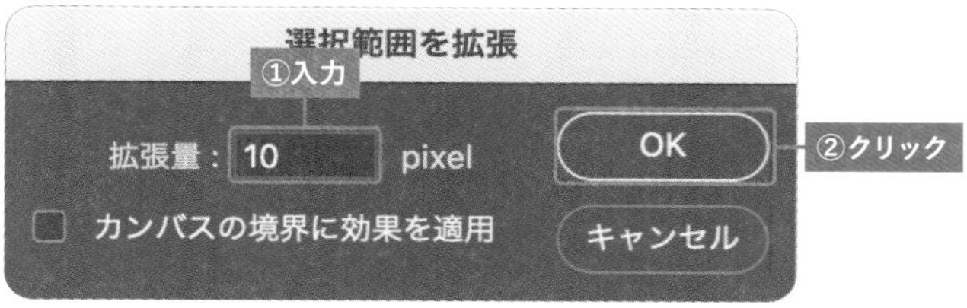

拡張量をピクセル数で入力し、［OK］をクリックします。

**選択範囲を拡張する**

オブジェクトに輪郭が曖昧な部分があるときには、オブジェクトを削除すると、わずかに輪郭が残ったり、不自然さが目立ったりします。この場合は、この手順のように選択範囲を拡張して、少し大きな範囲を削除するようにしましょう。

### ［生成塗りつぶし］を実行する

コンテキストタスクバーにある［生成塗りつぶし］をクリックします。

［生成塗りつぶし］をクリックします。

## 画像の生成を実行する

プロンプトは空白のまま、[生成]をクリックします。

[生成]をクリックします。

### 削除の際にはプロンプトは不要

オブジェクトを削除する際、プロンプトは特に必要ありません。自動的に周囲の色やパターンを読み込んで、不自然のない画像を生成します。なお、何度か試してみて、部分的に削除できないオブジェクトがある場合には、プロンプトに「人物　なし」や「椅子　削除」のように「(オブジェクト名)なし」と入力し、生成を実行すると削除されることがあります。

## オブジェクトが削除される

オブジェクトが削除され、オブジェクトがあった領域には、周囲の色やパターンを読み込んで違和感のない画像が生成されます。

オブジェクト(柵)が削除されました。

## 人物を補正してみよう

ここでは、髭を削除してみましょう。

### 髭の領域を選択する

なげなわツールで髭の範囲をドラッグして選択し、コンテキストタスクバーにある［生成塗りつぶし］をクリックします。

髭の範囲をドラッグし、［生成塗りつぶし］をクリックします。

### プロンプト未入力のまま生成する

プロンプトは入力しないで、［生成］をクリックします。

［生成］をクリックします。

### 髭が削除される

髭が削除され、髭のないアゴが生成されます。気に入らなければ、バリエーションから他のアゴを選択します。

髭が削除されました。

Section

# 04 オブジェクトを追加して楽しい写真にしてみよう

**「生成塗りつぶし」では、画像にテキストで指定したオブジェクトを追加することができます。オブジェクトを追加したい範囲を選択し、「生成塗りつぶし」で目的のオブジェクトをテキストで指定して、生成を実行するだけです。オブジェクトは複数追加することができ、生成レイヤーにスマートオブジェクトとして書き出されます。思いついたものを生成し、画像に加えて楽しんでみましょう。**

## 画像の一部にオブジェクトを生成する

画像の一部を選択し、目的のオブジェクトをテキストで指定して、「生成塗りつぶし」を実行すると、選択した範囲に目的のオブジェクトを追加することができます。生成されたオブジェクトは、元の画像の光の方向や色などが適用され、違和感がないように配置されます。ただし、イメージしていたものとはほど遠いオブジェクトが生成されることもあるため、その場合は適切なオブジェクトが表示されるまで生成を繰り返したり、プロンプトの内容を調整して生成し直したりしましょう。

滝のある
きれいな水の小川

## オブジェクトを追加してみよう

### オブジェクトを追加する範囲を選択する

目的の画像を開き、長方形選択ツールでドラッグして、オブジェクトを追加する位置を指定し、コンテキストタスクバーにある［生成塗りつぶし］をクリックします。

長方形選択ツールでオブジェクトを追加する位置を指定し、［生成塗りつぶし］をクリックします。

### 追加するオブジェクトを指定する

プロンプトに「カラフルな家　写真」と入力し、［生成］をクリックします。

プロンプトを入力し、［生成］をクリックします。

### オブジェクトが生成される

プロンプト（カラフルな家　写真）に該当するオブジェクトが生成されます。他にもバリエーションが必要な場合は、［生成］をクリックします。

［生成］をクリックします。

## バリエーションを選択する

新しいバリエーションが生成されます。

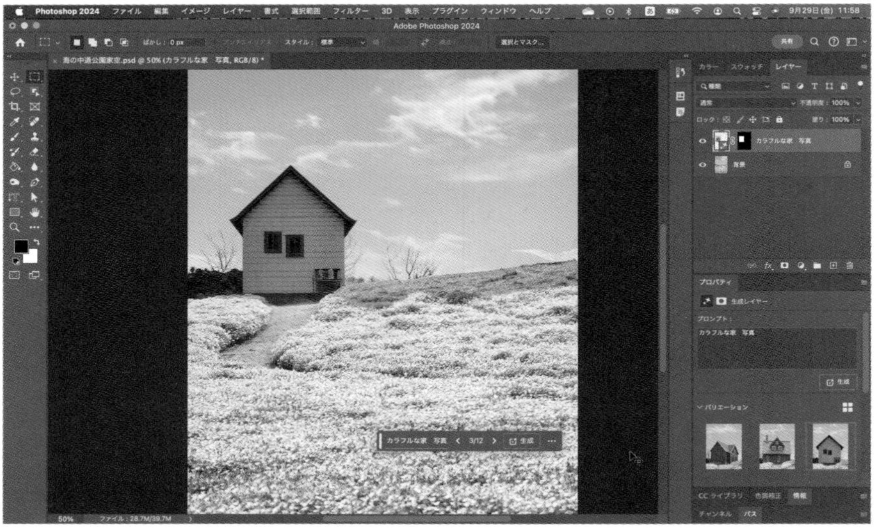

新しいバリエーションが生成されます。

### プロンプトを工夫する

追加されるオブジェクトは、FireflyがAdobe Stockなどからプロンプトに当てはまる画像を加工して生成されます。そのため、イメージと異なるオブジェクトになることがあります。この場合、「カラフルな家　写真」のように、写実的なオブジェクトの場合は「写真」、ポップアート調であれば「ポップアート」、金属的な重厚感のあるものであれば「スチームパンク」など、プロンプトにオブジェクトの描き方や素材などの単語を並べて入力すると良いでしょう。プロンプトにはきれいな文章を入力するよりも、必要な要素の単語を並べるだけで良いので、できるだけ具体的に指定しましょう。

・ポップアート

・水彩画

・スチームパンク

## オブジェクトを置き換えてみよう

ここでは、背景の置き換え、服の置き換え、オブジェクトの追加の順に操作を行います。

### 被写体を選択する

まず目的の画像を表示し、コンテキストタスクバーにある［被写体を選択］をクリックして被写体を選択します。

［被写体を選択］をクリックします。

### 背景を選択する

コンテキストタスクバーにある［選択範囲を反転］をクリックして背景を選択し、［生成塗りつぶし］をクリックします。

［選択範囲を反転］をクリックし、［生成塗りつぶし］をクリックします。

#### 面積の大きい部分から作成する

「生成塗りつぶし」を複数回使用する場合は、背景など面積の大きい部分から順番に適用しましょう。「生成塗りつぶし」では、画像を生成した範囲にマスクが付いたレイヤーが作成されます。そのため、後から背景のような大きい面積の範囲を適切に選択することが難しく、輪郭が縁取られたり、元画像の背景の色が残ったりして不自然な画像になってしまいます。

### プロンプトで背景の内容を指定する

プロンプトに「無数の星が光り輝く宇宙空間」と入力し、［生成］をクリックします。

プロンプトを入力し、［生成］をクリックします。

## 背景が生成される

プロンプトで入力した背景（無数の星が光り輝く宇宙空間）が生成されました。ツールパネルでオブジェクト選択ツールのアイコンを長押ししてメニューを表示し、クイック選択ツールをクリックします。

オブジェクト選択ツールを長押しし、クイック選択ツールをクリックします。

## 服を選択する

ドラッグして服を選択し、レイヤーパネルで背景に作成された生成レイヤーを選択して、[生成塗りつぶし] をクリックします。

生成レイヤーを選択し、[生成塗りつぶし] をクリックします。

**一番上にあるレイヤーを選択して生成を実行する**

生成塗りつぶしを実行すると、生成時にレイヤーパネルで選択しているレイヤーの上に生成レイヤーが作成され、画像が書き出されます。そのため、レイヤーパネルで [背景] など背面にあるレイヤーを選択して生成を実行すると、上のレイヤーに隠れて生成画像が見えなくなることがあります。

## プロンプトで服と置き換える内容を指定する

プロンプトに「カラフルな宇宙服」と入力し、[生成] をクリックします。

プロンプトを入力し、[生成] をクリックします。

## 宇宙服に置き換えられる

元の画像の服が宇宙服に置き換えられます。

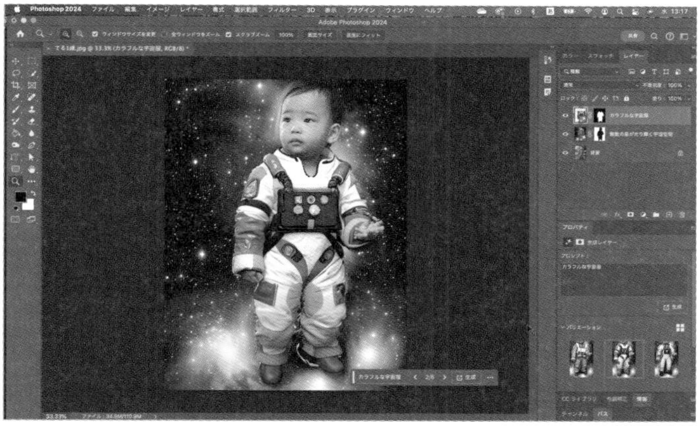

服が宇宙服に置き換えられます。

## オブジェクトを追加する範囲を選択する

なげなわツールでオブジェクトを追加する範囲をドラッグして選択し、レイヤーパネルで背景の生成レイヤーを選択して、[生成塗りつぶし]をクリックします。

オブジェクトを追加する範囲を選択し、レイヤーを選択して、[生成塗りつぶし]をクリックします

## ロケットを生成する

プロンプトに「発射された大きな宇宙ロケット　写真」と入力し、[生成]をクリックします。

プロンプトを入力し、[生成]をクリックします。

### ロケットが生成される

指定した位置に生成レイヤーが作成され、オブジェクトが追加されます。

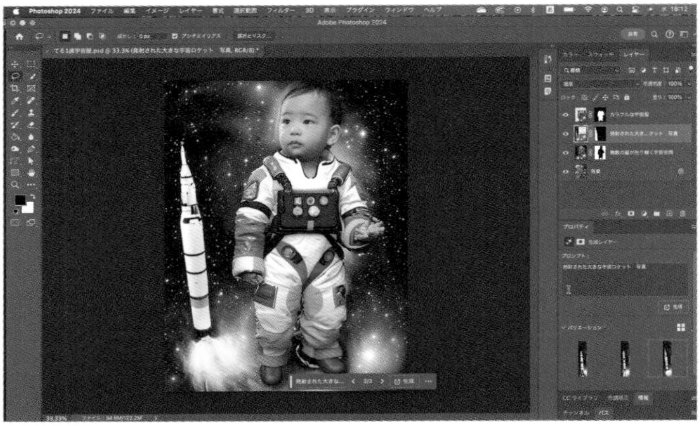

ロケットが生成されました。

## 2枚の写真をつなげてみよう

### 背景をスマートオブジェクトに変換する

1枚目の写真を開き、レイヤーパネルで［背景］を右クリックし、［スマートオブジェクトに変換］を選択します。

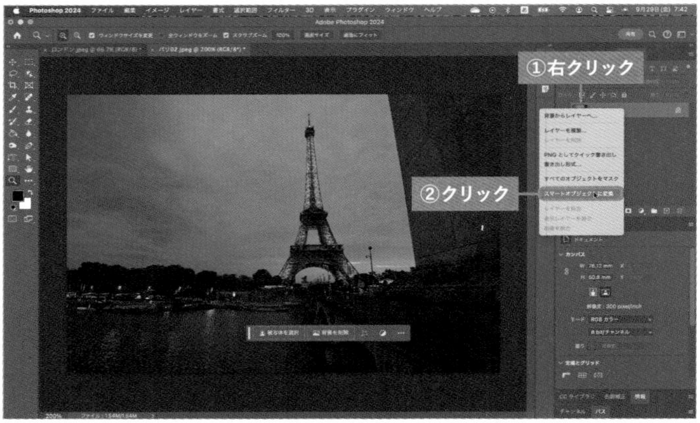


［背景］を右クリックし、［スマートオブジェクトに変換］をクリックします。

**スマートオブジェクトに変換する**

この手順では、2枚の写真を1つのカンバスに配置して、「生成塗りつぶし」で結合します。編集による写真の劣化を防ぐために、あらかじめスマートオブジェクトに変換しておきます。

### ［カンバスサイズ］ダイアログボックスを表示する

［イメージ］メニュー→“カンバスサイズ”をクリックします。

［イメージ］メニュー→“カンバスサイズ”をクリックします。

## 拡張するカンバスのサイズと拡張方向を指定する

ここでは、左横にもう1枚の写真を挿入して合成します。幅にもう1枚の写真の幅より大きい数値を入力し、[基準位置] で → をクリックしてカンバスの右端上下中央の位置に配置し、[OK] をクリックします。

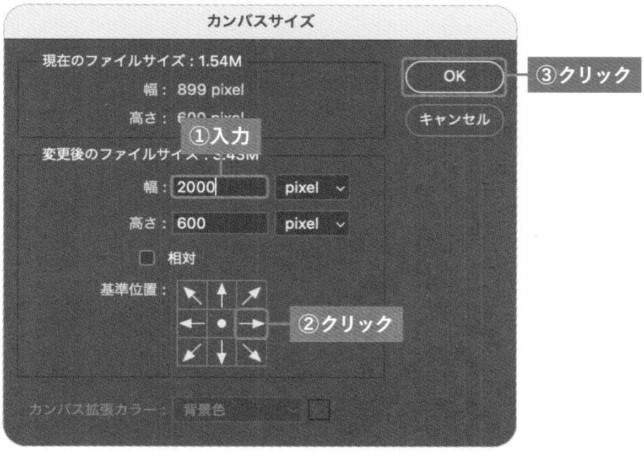

「2000」と入力し、→をクリックして、[OK] をクリックします。

## カンバスが拡張される

1枚目の写真がカンバスの右端上下中央に配置され、写真の左側に透明の領域が作成されます。

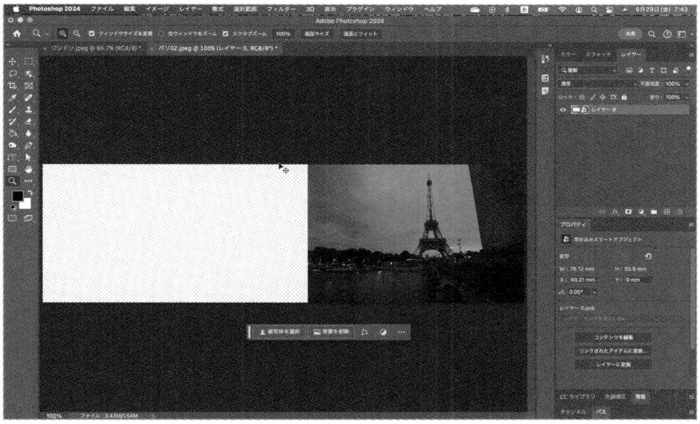

カンバスが拡張されます。

## 2枚目の写真をスマートオブジェクトに変換する

2枚目の写真を開き、レイヤーパネルで [背景] を右クリックし、[スマートオブジェクトに変換] をクリックします。

[背景] を右クリックし、[スマートオブジェクトに変換] をクリックします。

## ウィンドウの配置を変更する

ウィンドウメニュー→“アレンジ”→“2分割表示-垂直方向”をクリックします。

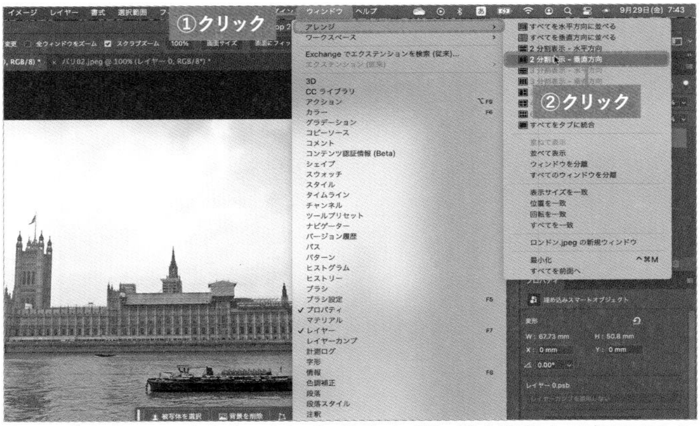

ウィンドウメニューをクリックして、“アレンジ”→“2分割表示-垂直方向”をクリックします。

## 2枚目の写真を1枚目のカンバスに配置する

2枚目の写真のタブをクリックしてアクティブにします。レイヤーパネルの［レイヤー 0］を1枚目のウィンドウにドラッグします。

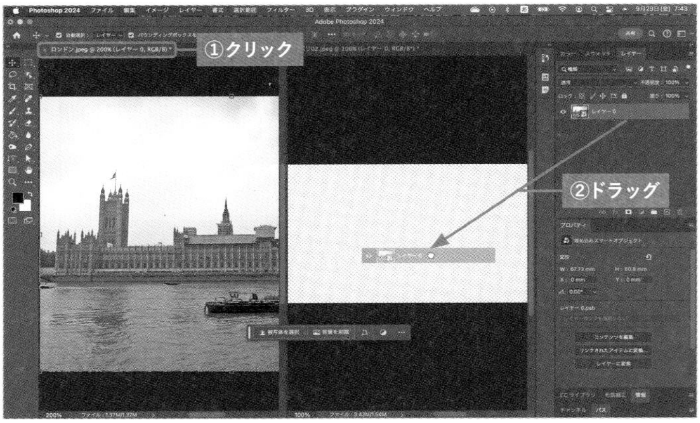

2枚目の写真のタブをクリックし、レイヤーパネルの［レイヤー 0］を1枚目のウィンドウにドラッグします。

## 2枚目の写真を適切な位置に配置する

2枚目の写真を移動ツールでカンバスの左端上下中央に配置します。

1枚目の写真を左端上下中央に配置します。

### 写真の間を補完する領域を選択する

長方形選択ツールで2つの写真をまたぐ範囲をドラッグして選択し、[生成塗りつぶし] をクリックします。

長方形選択ツールで2つの写真をまたぐ範囲を選択し、[生成塗りつぶし] をクリックします。

### 画像を生成する

プロンプトには何も入力しないで、[生成] をクリックします。

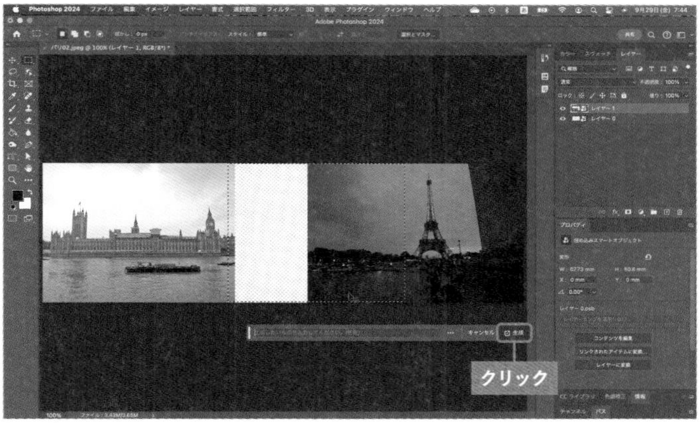


[生成] をクリックします。

### 写真の間を補完する画像が生成される

2つの写真の間が補完され、1枚に結合されます。

1枚の写真に結合されました。

Section

# 05 画像を拡張して作品の世界を広げよう

**Fireflyの「生成拡張」は、画像のカンバスを拡張し、現在表示されている画像の外側を生成する機能です。被写体の頭や下半身を生成してみたり、景色や道の先を拡張してみたりするなど、作品に必要な“もう少し”を補完できます。また、拡張領域をプロンプトで指定して生成することもできます。生成拡張機能を使いこなして、作品の世界を広げてみましょう。**

## 画像のカンバスを拡張しよう

「頭が1/3切れてしまっている」とか「真ん中にある被写体をもう少し右にずらせれば…」など、ちょっとしたズレのために残念な写真になることがあります。多くの場合、このような写真はトリミングによって補正されます。しかし、これ以上切り落としたくないというケースもありますよね。そんなときには、逆にカンバスを拡張してみましょう。Fireflyが拡張した領域を写真全体から推測して、適切な画像を生成してくれます。また、生成する画像の内容をテキストで指定することも可能です。

○ オリジナル画像

↓

○ 生成拡張画像

## 画像を拡張してみよう

### 切り抜きツールの塗りを「生成拡張」に設定する

目的の画像を開き、切り抜きツールをクリックして、ツールオプションバーの［塗り］で［生成拡張］をクリックします。画像にバウンディングボックスが表示されます。

切り抜きツールをクリックし、［塗り］の［生成拡張］をクリックします。

### 拡張領域の縦横比を設定する

コンテキストタスクバーにある［比率］をクリックし、表示されるメニューで［元の縦横比］をクリックします。

コンテキストタスクバーの［比率］をクリックし、［元の縦横比］をクリックします。

### カンバスを拡張する

右下のハンドルを任意のサイズになるまでドラッグします。

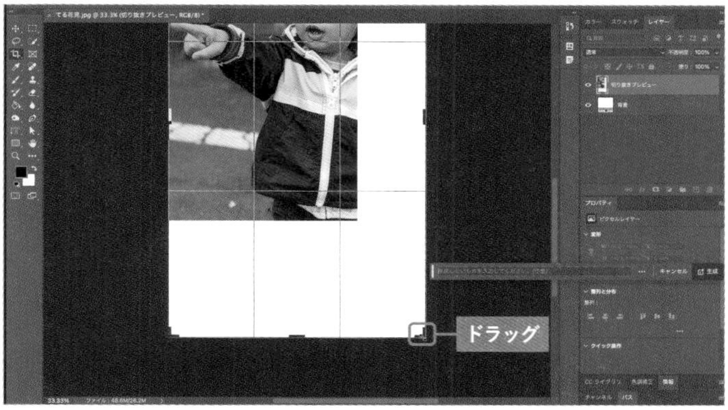


右下のハンドルを任意のサイズになるまでドラッグします。

## 画像を生成する

プロンプトに何も入力しないで［生成］をクリックします。

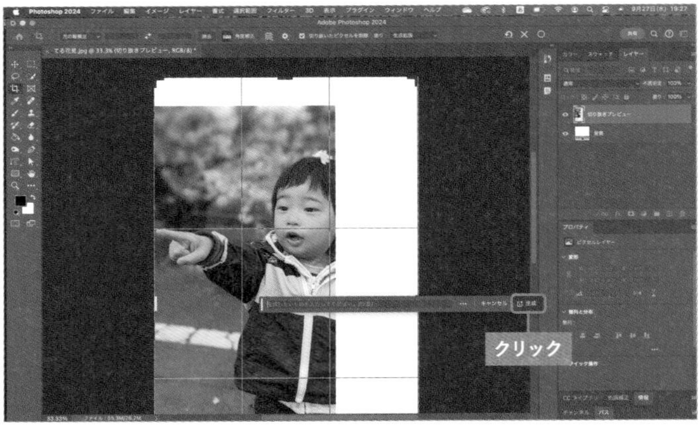


［生成］をクリックします。

## カンバスの拡張領域に画像が生成される

拡張領域に画像が生成されます。

拡張領域に写真が生成されました。

## バリエーションを選択する

他のバリエーションをクリックし、適切な画像を探します。

他のバリエーションを選択します。

## パターンを広げてみよう

### 切り取りツールの塗りを「生成拡張」に設定する

目的の画像を開き、切り取りツールをクリックして、ツールオプションバーの［塗り］で［生成拡張］をクリックします。

切り取りツールをクリックし、［塗り］の［生成拡張］をクリックします。

**パターンを拡張する**

「生成拡張」を利用すると、連続するパターンを拡張させることができます。ただし、パターンはコピーされるわけではなく、画像の情報をベースに新たに生成されるため、連続したパターンである必要があります。

### カンバスを拡張する

画像にバウンディングボックスが表示されるので、キーボードでoption〔Alt〕キーを押しながら右下のハンドルを任意のサイズになるまでドラッグします。

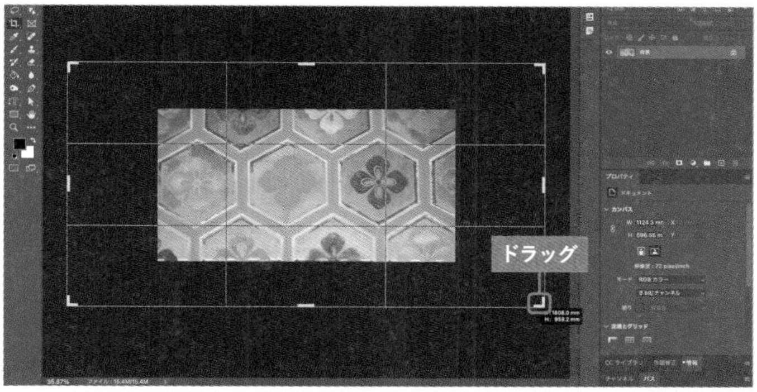

option〔Alt〕キーを押しながら右下のハンドルを任意のサイズになるまでドラッグします。

**元画像を中心に拡張領域を広げる**

元画像を中心として均等に拡張領域を広げたい場合は、キーボードでoption〔Alt〕キーを押しながらハンドルをドラッグします。

### 画像を生成する

プロンプトには入力せずに、［生成］をクリックします。

［生成］をクリックします。

### パターンが拡張される

指定した領域にパターンが拡張されます。

パターン拡張されました。

## 拡張領域をプロンプトで指定して生成する

### 切り取りツールの塗りを生成拡張に指定する

目的の画像を開き、切り取りツールをクリックして、ツールオプションバーの［塗り］で［生成拡張］をクリックします。

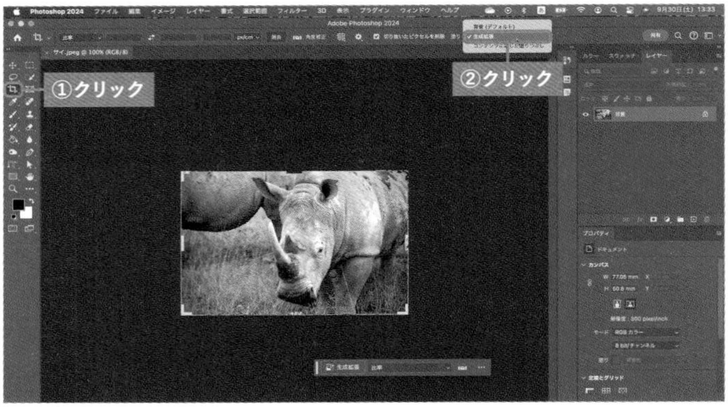

切り取りツールをクリックし、［塗り］の［生成拡張］をクリックします。

### カンバスの縦横比を設定する

コンテキストタスクバーにある［比率］をクリックし、表示されるメニューで［16：9］をクリックします。

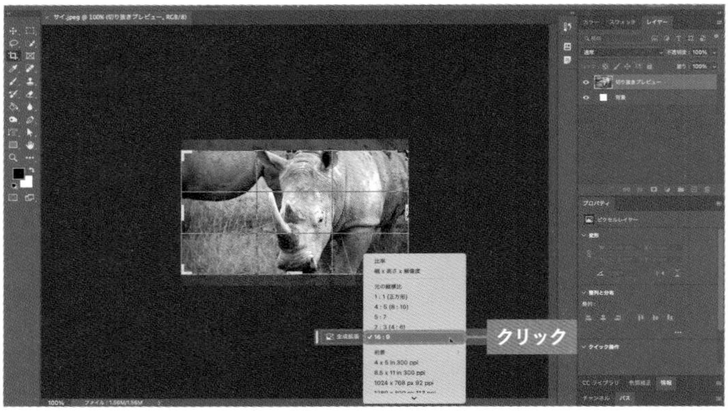

コンテキストタスクバーの［比率］をクリックし、［16：9］をクリックします。

## 画像を中心にカンバスを拡張する

キーボードでoption〔Alt〕キーを押しながら、ハンドルを任意のサイズになるまでドラッグします。プロンプトに「野生のサイ　写真」と入力して、[生成] をクリックします。

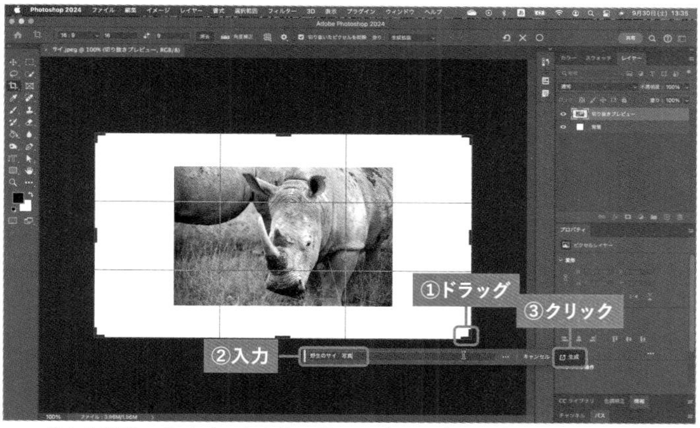

ハンドルを任意のサイズになるまでドラッグし、プロンプトを入力して、[生成] をクリックします。

## 画像が生成される

拡張領域にプロンプトで指定した画像が生成されます。

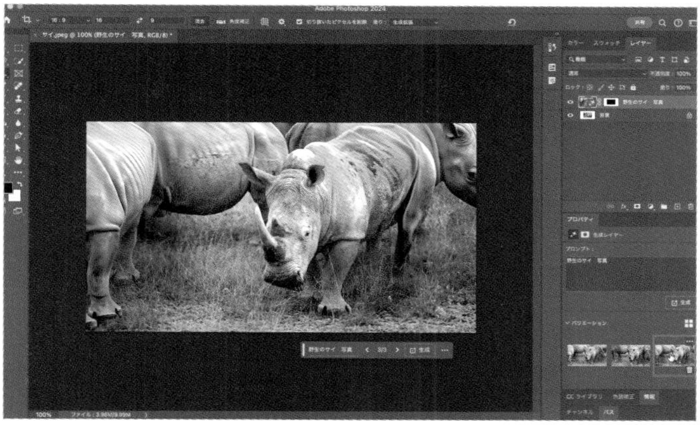
プロンプトで指定した画像が生成されました。

### 縦横比を指定して「生成拡張」を実行する

「生成拡張」では、カンバスの縦横比を指定してから領域を拡張することができます。カンバスの縦横比を設定してからサイズを拡張すると、切り取りツールのハンドルを適当にドラッグしても、縦横比が固定されるため作業が楽に行えます。
カンバスの縦横比を設定するには、コンテキストタスクバーで [比率] をクリックし、表示されるメニューで目的の縦横比を選択します。また、縦横のピクセル数と解像度を設定することもできます。

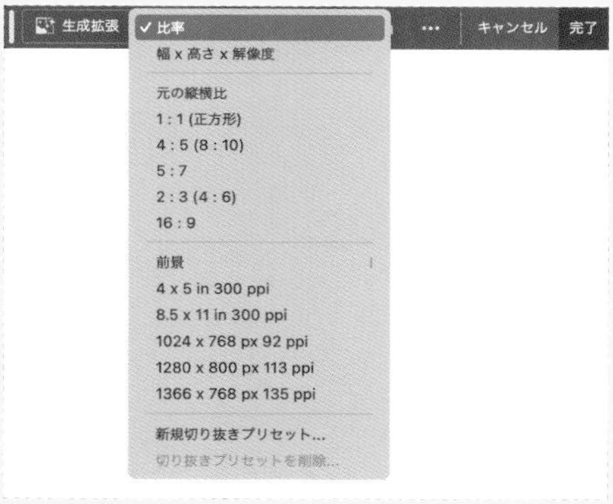

Section
# 06 「生成塗りつぶし」をフィルターのように使ってみよう

「生成塗りつぶし」の効果は、選択範囲の不透明度によって適用量が設定されます。選択範囲を指定したオブジェクトに置き換える場合、塗りつぶしの不透明度は100%のため適用量も100%となり元画像の影響を受けることなく画像を生成します。逆に選択範囲の不透明度が低い場合は、元画像を生かして生成塗りつぶしの効果を適用できます。「生成塗りつぶし」をフィルターのように自由に使いこなしてみましょう。

## 生成塗りつぶしの適用量は不透明度で設定できる

「生成塗りつぶし」では、選択範囲の不透明度に合わせて適用量が設定されます。不透明度は、クイックマスクモードで「塗りつぶし」ダイアログボックスでグレーの濃度で設定した明度を、描画モードに戻してマスク部分を選択領域に変換し設定します。「生成塗りつぶし」の適切な適応量を探して、イメージに近い画像を作ってみましょう。

○ オリジナル画像：プロンプト「水彩画」

○ 不透明度20%

○ 不透明度40%

○ 不透明度60%

○ 不透明度80%

○ 不透明度100%

## 画像から水彩画を生成してみよう

### クイックマスクモードに切り替える

目的の画像を開き、ツールパネルで［クイックマスクモード］をクリックし、クイックマスクモードに切り替えます。

［クイックマスクモード］をクリックします。

**選択範囲の不透明度を設定する**

選択範囲の不透明度を設定するには、クイックマスクモードで一時的に画像をマスクして、選択範囲に指定する条件としてマスクに明度を設定します。クイックモードから描画モードに切り替えると、マスクに設定されている明度が不透明度に変換され、選択範囲が作成されます。例えば、クイックマスクモードで50%の明度を設定し、描画モードに切り替えると、不透明度50%の選択範囲が作成されます。

### 「塗りつぶし」ダイアログボックスを表示する

クイックマスクモードに切り替わり、該当するレイヤーが赤く表示されます。編集メニュー→“塗りつぶし”をクリックします。

編集メニュー→“塗りつぶし”をクリックします

### 「カラーピッカー（塗りのカラー）」ダイアログボックスを表示する

［内容］のプルダウンメニューから［カラー］をクリックし、「カラーピッカー（塗りのカラー）」ダイアログボックスを表示します。

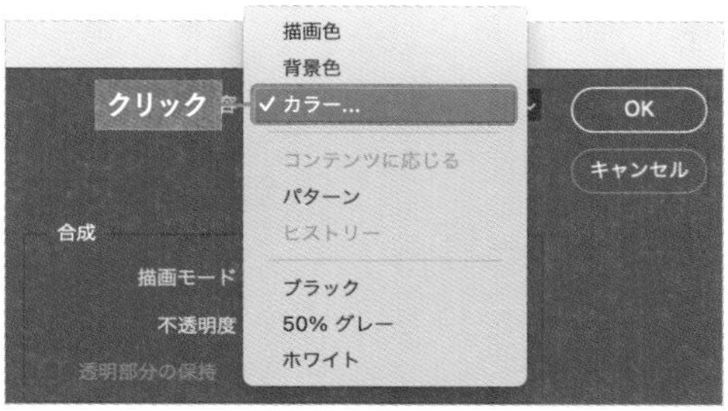


［内容］のプルダウンメニューをクリックし、［カラー］をクリックします。

## 明度40%を設定する

HSBモデルの［B］(Brightness/明度)に「40」と入力し、［OK］をクリックします。

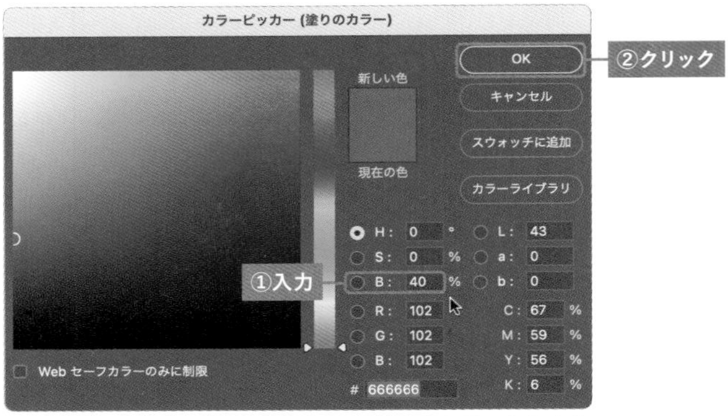

HSBモデルの［B］に「40」と入力し、［OK］をクリックします。

**不透明度は30~60%程度が適切**

「生成塗りつぶし」は、設定された不透明度に合わせて適用量が調節され、不透明度が高いほど元画像の影響を受けなくなります。画像をもとに作品を生成したいときは、不透明度を30~60%程度に設定して、「生成塗りつぶし」を実行しましょう。不透明度が50%を超えると、「生成塗りつぶし」の影響を大きく受けるようになります。

## 「塗りつぶし」ダイアログボックスを閉じる

「塗りつぶし」ダイアログボックスに戻るので、［OK］をクリックします。

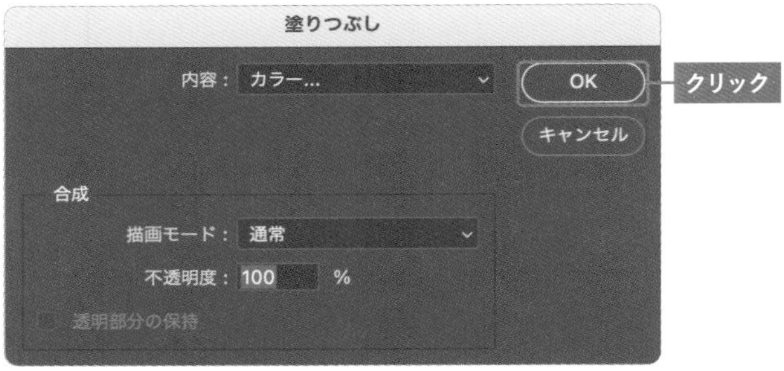

［OK］をクリックします。

## 描画モードに切り替える

ツールパネルで［クイックモードを終了］をクリックし、描画モードに戻します。

［クイックモードを終了］をクリックします。

### 「生成塗りつぶし」を実行する

コンテキストタスクバーにある［生成塗りつぶし］をクリックします。

［生成塗りつぶし］をクリックします。

### 水彩画を生成する

プロンプトに「水彩画」と入力し、［生成］をクリックします。

プロンプトを入力し、［生成］をクリックします。

### 水彩画が生成される

画像をもとに水彩画が生成されます。

画像をもとに水彩画が生成されました。

## 画像から肖像画を生成してみよう

### クイックマスクモードに切り替える

目的の画像を開き、ツールパネルで［クイックマスクモード］をクリックし、クイックマスクモードに切り替えます。

［クイックマスクモード］をクリックします。

### 「塗りつぶし」ダイアログボックスを表示する

クイックマスクモードに切り替わり、該当するレイヤーが赤く表示されます。編集メニュー→"塗りつぶし"をクリックします。

編集メニュー→"塗りつぶし"をクリックします。

### 「カラーピッカー（塗りのカラー）」ダイアログボックスを表示する

［内容］のプルダウンメニューから［カラー］をクリックし、「カラーピッカー（塗りのカラー）」ダイアログボックスを表示します。

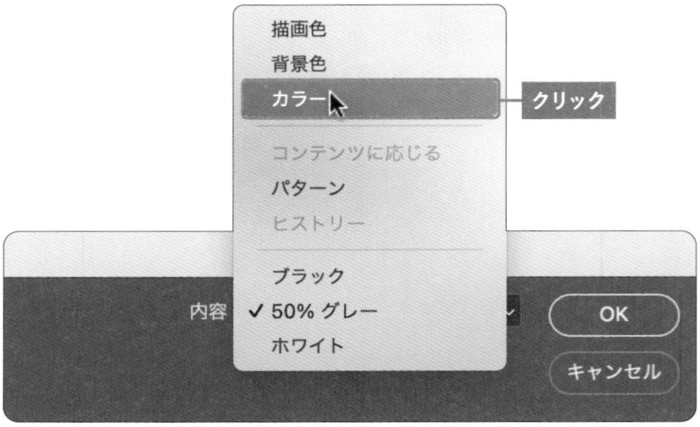


［内容］のプルダウンメニューをクリックし、［カラー］をクリックします。

### 明度40%を設定する

HSBモデルの［B］（Brightness/明度）に「30」と入力し、［OK］をクリックします。

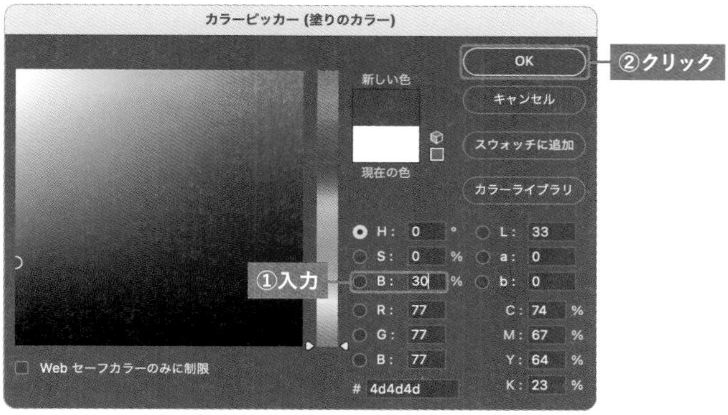

HSBモデルの［B］に「30」と入力し、［OK］をクリックします。

**プロンプトに希望を書き込む**

「生成塗りつぶし」は、プロンプトを条件として新しい画像を生成します。そのため、この手順に従って「生成塗りつぶし」の適応量を調節したとしても、イメージしていたものとは程遠い結果になることが結構な頻度であります。この場合、プロンプトに希望を入力しておきましょう。人物の顔の場合は、「笑顔」と入力すると目が細く口角が上がり、「驚く」では目が大きく、「悲しい」では口角と眉毛が下がって生成される傾向があります。

### 「塗りつぶし」ダイアログボックスを閉じる

「塗りつぶし」ダイアログボックスに戻るので、［OK］をクリックします。

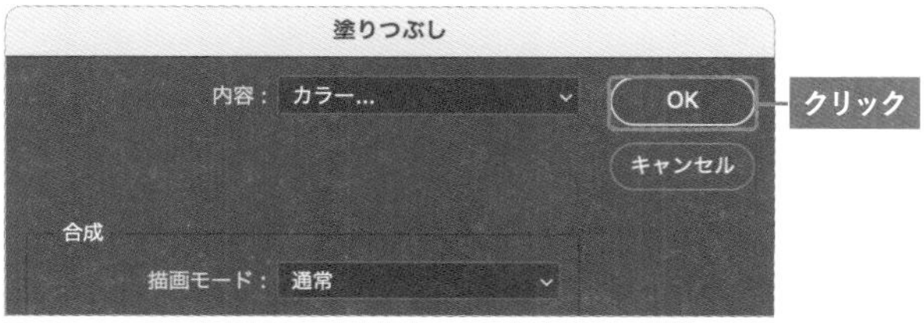

［OK］をクリックします。

### 描画モードに切り替える

ツールパネルで［クイックモードを終了］をクリックし、描画モードに戻します。

［クイックモードを終了］をクリックします。

### ［生成塗りつぶし］を実行する

コンテキストタスクバーにある［生成塗りつぶし］をクリックします。

［生成塗りつぶし］をクリックします。

### 油絵を生成する

プロンプトに「油絵」と入力し、［生成］をクリックします。

プロンプトを入力し、［生成］をクリックします。

### 油絵が生成される

画像をもとに油絵が生成されます。

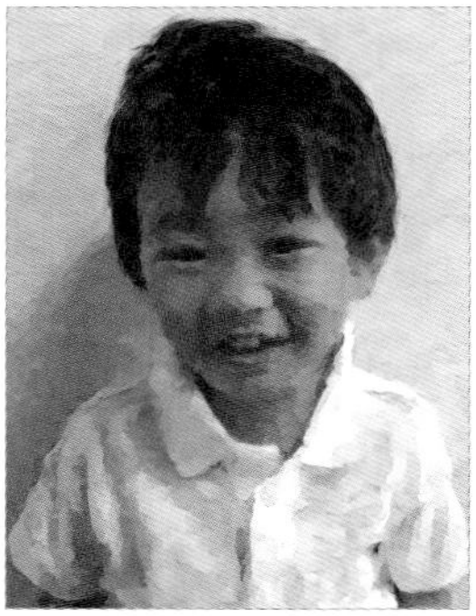
画像をもとに油絵が生成されました。

# Chapter 4

# Illustrator × Firefly

Section
# 01 FireflyがIllustratorにもたらす未来

**2023年10月11日、Adobeのイベント「Adobe MAX 2023」のタイミングで、Fireflyの「テキストからベクター生成」が搭載されたIllustrator 2024のリリースが発表されました。「テキストからベクター生成」は、文字通りテキストで指定したイメージからベクター画像を生成する機能で、クリエイティブな業務に大きな変化をもたらす革新的な機能です。また、「生成再配色」では、カラーバリエーションの作成が直感的な操作で行えるようになりました。劇的に進化したIllustratorを体感してみましょう。**

## ベクター画像の未来がやってきた

Illustrator 2024に搭載されたFireflyの「テキストからベクター生成」は、ベクター画像が持っている技術的な高い壁を崩しました。これまで、Illustratorで質の高いベクター画像を作成するには、複雑で繊細なアンカーポイントやハンドルを自在に操れること、レイヤーを使いこなす高度なテクニックが必須でした。しかし、「テキストからベクター生成」を利用すれば、素晴らしいアイデアさえ浮かべば、それを言葉にするだけで簡単に質の高いベクター画像を生成できます。また、「生成再配色」を利用すると、色についての専門知識がなくても、簡単にカラーバリエーションを作成できます。

Illustratorでは、簡単にベクター画像を生成できるようになりましたが、その他の機能が不要になったということではありません。Fireflyの機能で作業の効率を上げ、時間を短縮しつつ、培ってきたテクニックとセンスで作品の質を磨き上げてみましょう。

## Illustrator 2024の稼働環境

llustrator 2024は、Fireflyを搭載していることから、最新のOSが余裕を持って稼働できるMacやPCが望ましいでしょう。まずは、Illustrator 2024の最小システム構成と推奨システム構成を確認してみましょう。

### Macの最小システム構成と推奨システム構成

| 項目 | 最小 | 推奨 |
|---|---|---|
| プロセッサー | 64 ビットをサポートしている Intel® または Apple Silicon マルチコアプロセッサー（SSE 4.2 以降の 2 GHz 以上のプロセッサー） | |
| オペレーティングシステム | macOS Big Sur（バージョン 11）以降 | |
| RAM | 8 GB | 16 GB 以上 |
| グラフィックカード | Metalをサポートしている1,024MB以上のVRAM | Metalをサポートしている2GB以上のVRAM |
| モニターの解像度 | 1,024 × 768 以上 のディスプレイ（100%のUI 拡大率の場合） | 1,920 × 1,080 以上のディスプレイ（100%のUI 拡大率の場合） |
| ハードディスク容量 | 3GB 以上の空き容量のあるハードディスク | |
| インターネット接続環境 | 必要 | 必要 |

### Windowsの最小システム構成と推奨システム構成

| 項目 | 最小 | 推奨 |
|---|---|---|
| プロセッサー | 64ビットをサポートしているIntel®またはAMDマルチコアプロセッサー（SSE 4.2以降の2GHz以上のプロセッサー） | |
| オペレーティングシステム | Windows 10 64 ビット（バージョン 22H2）以降/Windows 11 | |
| RAM | 8 GB | 16 GB 以上 |
| グラフィックカード | ・1 GB以上のVRAM<br>・OpenGLバージョン4.0以上をサポートしている | ・4GB以上のVRAM<br>・OpenGLバージョン4.0以上をサポートしている |
| モニターの解像度 | 1,024 × 768のディスプレイ | 1,920 × 1,080以上のディスプレイ |
| ハードディスク容量 | 2GBのハードディスク空き領域 | |
| インターネット接続環境 | 必要 | 必要 |

## Illustratorで使えるFireflyの機能

Illustratorでは、Fireflyの「テキストからベクター生成」と「生成再配色」が利用できます。「テキストからベクター生成」を使って画像を生成して、その画像のカラーバリエーションを「生成再配色」を使って作成する、といったこともできます。Illustrator 2024に搭載されたFireflyの機能を楽しく使って、一歩先行く作品を作ってみましょう。

### テキストからベクター生成

「テキストからベクター生成」は、テキストに書き起こしたイメージをベクター画像として生成できる機能です。ベクター画像なので、拡大・縮小しても劣化することなく、変形したり、配色を変更したりすることも自由に行えます。また、生成できるベクター画像は、[シーン]、[被写体]、[アイコン]、[パターン] の４種類あり、目的に合った画像を生成できます。

### プロンプト「熱帯色　色とりどりの花」で生成した画像

#### ○ シーン

背景のある画像が生成されます。

#### ○ 被写体

背景のない人物や動物、モノなどの被写体が生成されます。

#### ○ アイコン

色数の少ない、輪郭が強調されたシンプルな画像が生成されます。

#### ○ パターン

パターンが作成されます。パターンとしてスウォッチに登録され、塗りに利用できます。

## 生成再配色

「生成再配色」は、ベクター画像の配色のイメージを、提示されたサンプルプロンプトや自由に入力したプロンプトで指定し、4種類のカラーバリエーションをすばやく作成することができます。

○ **プロンプト：「夏の色」**

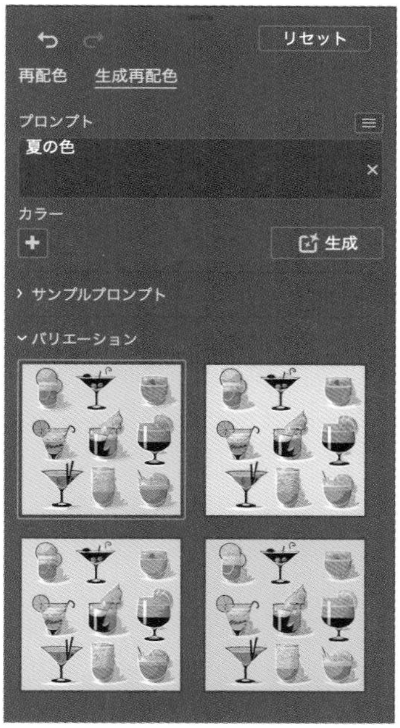

○ **プロンプト：「北国の冬」**

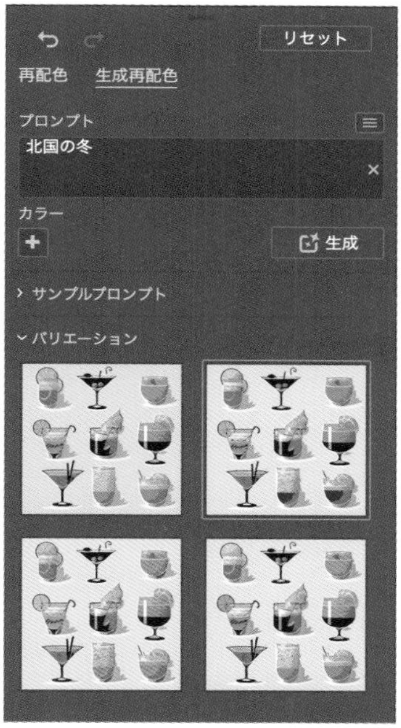

○ **プロンプト：「気分が上がるパーティ」**

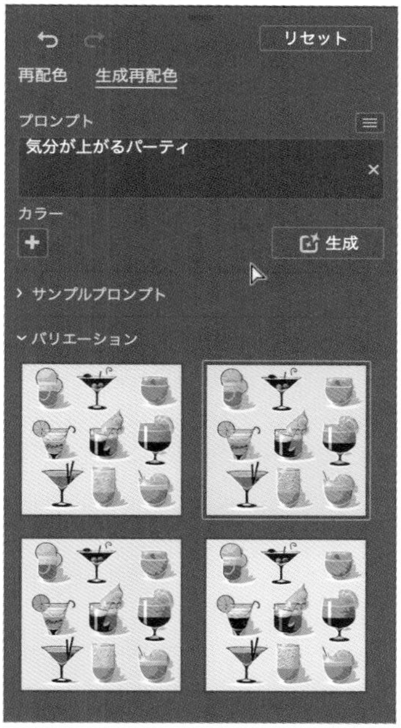

Section 02

# テキストから ベクター画像を生成しよう

ついにIllustratorにも生成AI Fireflyがやってきました。Fireflyの「テキストからベクター生成」を利用すると、アイデアを言葉にするだけで、ベクター画像を生成することができます。技術と経験がないユーザーでも、アイデアさえあれば質の高いベクター画像を簡単に生成することができます。また、高いテクニックと経験豊富なユーザーは、生成した画像をベースにブラッシュアップすれば、より質の高い個性的な作品を作成することができます。まずは、「テキストからベクター生成」を使って、その実力を実感してみましょう。

## アイデアを描き出してみよう

「テキストからベクター生成」は、プロンプトで指定したテキストからベクター画像を生成できる画期的な機能です。生成されたベクター画像は、拡大／縮小しても画質が劣化することなく、変形も色の変更も自由自在に編集することができます。また、［シーン］、［被写体］、［アイコン］、［パターン］の4種類のベクター画像を生成でき、生成したシーンの画像の上に被写体の画像を生成するといったことも可能です。「テキストからベクター生成」を使いこなして、自由に楽しい画像を作成してみましょう。

○ シーン

プロンプト「南国の海中　色とりどりのサンゴと熱帯魚」

○ 被写体

プロンプト「エスニックなジャケットを着て葉巻を咥えているカメレオン」

○ アイコン

プロンプト「色とりどりのたくさんのバナナ」

○ パターン

プロンプト「熱帯色で色とりどりのトカゲ」

## 背景のあるシーンを生成しよう

### 四角形を描いてコンテキストツールバーを表示する

ツールパネルで、長方形ツールをクリックし、アートボード上をドラッグして任意のサイズの四角形を描きます。ここでは、アートボードと同じサイズの正方形を描いています。描いた四角形をクリックして選択し、コンテキストタスクバーの［生成（Beta）］をクリックします。

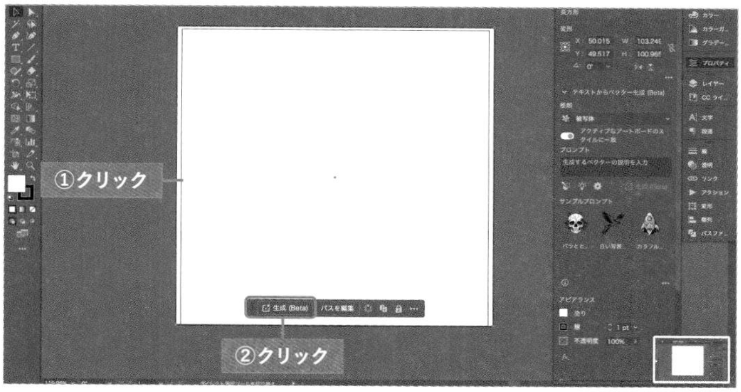

描いた四角形をクリックし、コンテキストタスクバーの［生成（Beta）］をクリックします。

#### スターツールで描いた星形ではどうなる？

スターツールや楕円形ツールで描いた図形を選択して画像の生成を実行しても、画像は四角形の領域の中に描かれます。画像が星形や楕円形に型抜きさせることはありません。

#### コンテキストタスクバーが表示されていない

コンテキストタスクバーが表示されていない場合は、ウィンドウメニュー→“コンテキストタスクバー”をクリックします。また、プロンプトの入力や生成画像の設定は、プロパティパネルに表示されている［テキストからベクター生成（Beta）］パネルでも行えます。

### 画像の種類を選択する

コンテキストタスクバーの左端にあるアイコンをクリックし、表示されるリストから［シーン］を選択して、描く対象をシーンに設定します。

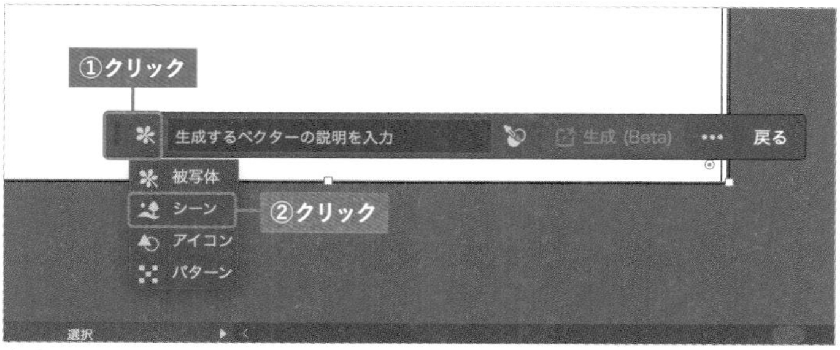

左端のアイコンをクリックし、［シーン］をクリックします。

### プロンプトで描く画像の内容を指定する

テキストボックスにプロンプトを入力し、［生成（Beta）］をクリックします。ここでは、「熱帯色で色とりどりの花がたくさん咲いているジャングル」と入力しています。

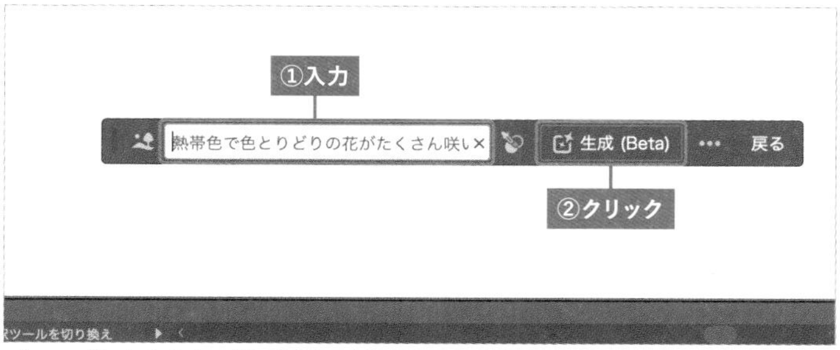

プロンプトを入力し、［生成（Beta）］をクリックします。

### 画像の生成を終了する

プロンプト（熱帯色で色とりどりの花がたくさん咲いているジャングル）の内容に合った画像が生成されます。［バリエーション］に３つのバリエーションが掲載されるので、目的の画像をクリックすると、アートボードの画像も切り替わります。コンテキストタスクバーにある［完了］をクリックして、画像の生成を終了します。

［完了］をクリックして、画像の生成を終了します。

### 画像を確認する

アートボードの外をクリックして、画像の選択を解除します。［シーン］のベクター画像が生成されます。

アートボードの外をクリックして、画像の選択を解除します。

## シーンに被写体を加えよう

作成した［シーン］に被写体を追加しましょう。

### 四角形を描く

ツールパネルで長方形ツールをクリックし、画像上の被写体を追加する位置をドラッグして四角形を描きます。

長方形ツールをクリックし、ドラッグして四角形を描きます。

## ［生成（Beta）］をクリックする

ツールパネルで選択ツールをクリックし、四角形をクリックします。コンテキストタスクバーが表示されるので、［生成（Beta）］をクリックします。

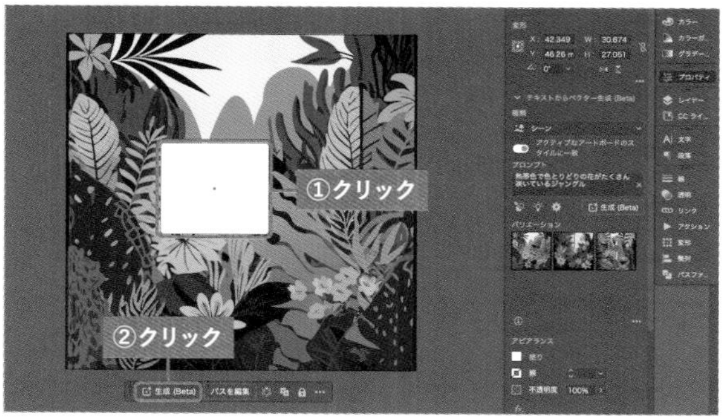

描いた四角形をクリックし、［生成（Beta）］をクリックします。

### ［テキストからベクター生成（Beta）］パネルが見当たらない

［テキストからベクター生成（Beta）］パネルは、プロパティパネルの中に表示されています。パネルを非表示にしている場合は、ウィンドウメニュー→"テキストからベクター生成（Beta）"をクリックします。

## 被写体の画像を生成する

［テキストからベクター生成（Beta）］パネルの［種類］で［被写体］を選択し、［アクティブなアートボードのスタイルに一致］をオンにします。プロンプトに「こちらを見ているトラの顔」と入力し、［生成(Beta)］をクリックします。

［種類］で［被写体］を選択し、プロンプトを入力して、［生成（Beta）］をクリックします。

### 画像のスタイルを合わせる

この手順のように、背景の画像の上に被写体を生成する際、被写体の画像のスタイルが背景画像のスタイルに合っていなければ、被写体が浮いてしまいます。このような場合は、［テキストからベクター生成（Beta）］パネルにある［アクティブなアートボードのスタイルに一致］をオンにしてから、画像の生成を実行すると、背景画像のスタイルと同じスタイルで被写体画像が生成されます。

## 画像の生成を終了する

プロンプト（こちらを見ているトラの顔）に該当する被写体の画像が生成されます。［テキストからベクター生成（Beta）］パネルの［バリエーション］に3つのバリエーションが表示されるので、目的の画像をクリックして切り替えます。コンテキストタスクバーの［完了］をクリックし、画像の生成を終了します。

［完了］をクリックして、画像の生成を終了します。

### 画像の選択を解除する

アートボードの外をクリックして、画像の選択を解除します。被写体のベクター画像が生成されます。

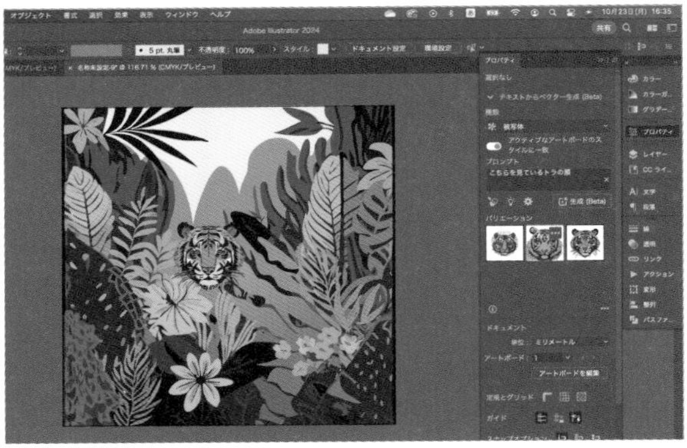

> **生成画像をアートボードに追加する**
>
> 生成された画像をアートボードに追加したいときは、［テキストからベクター生成（Beta）］パネルの［バリエーション］で目的の画像をダブルクリックします。

## アイコン画像を生成しよう

### 四角形を描いて［生成（Beta）］をクリックする

ツールパネルで長方形ツールをクリックし、アートボード上をドラッグして四角形を描きます。ツールパネルで選択ツールをクリックし、描いた四角形をクリックして、［生成（Beta）］をクリックします。

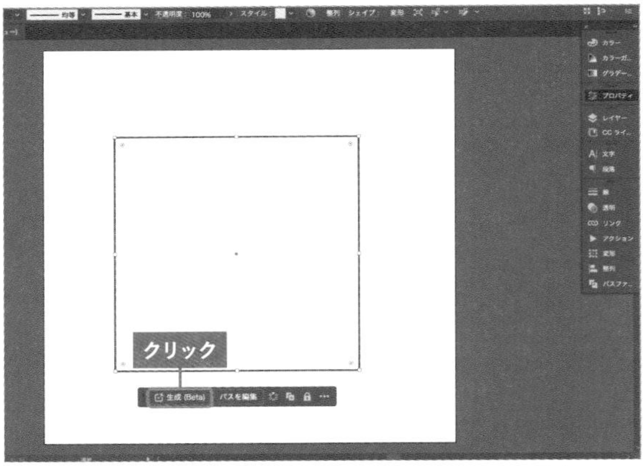


描いた四角形をクリックし、［生成(Beta)］をクリックします。

### 画像の種類に［アイコン］を選択する

コンテキストタスクバーの左端にあるアイコンをクリックし、表示されるリストで［アイコン］を選択します。

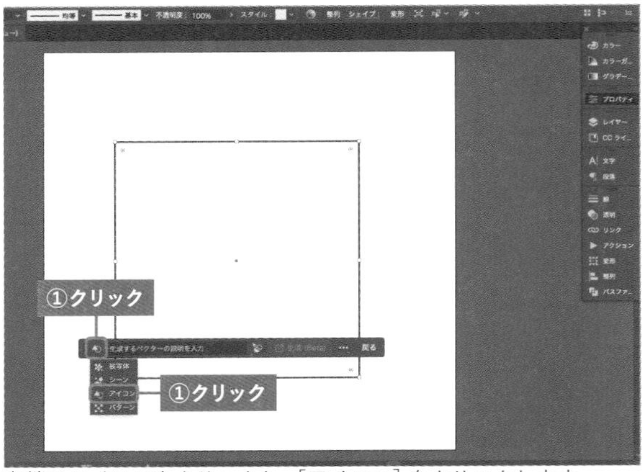


左端のアイコンをクリックし、［アイコン］をクリックします。

> **アイコンと被写体の違い**
>
> ［アイコン］と［被写体］では、どちらも背景が描かれず、プロンプトで指定したものだけが描かれます。ただし、［アイコン］の場合は、色の数が少なく、輪郭が強調され単純化された形で描写されます。

### 画像の内容を指定して生成を開始する

プロンプト（大きなひまわり）を入力し、［生成（Beta）］をクリックして、アイコン画像の生成を実行します。

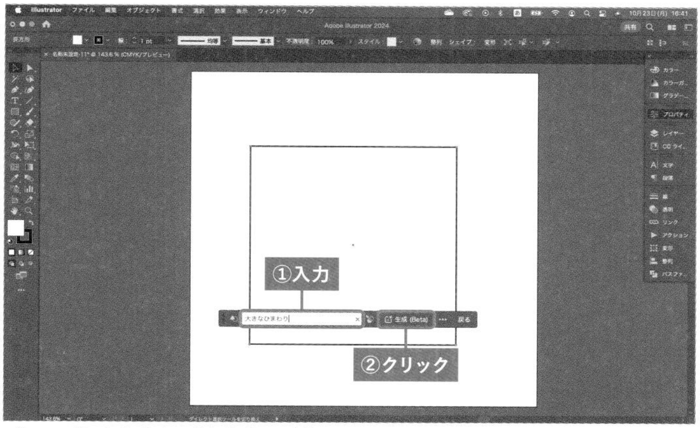

プロンプトを入力し、［生成（Beta）］をクリックします。

### 気に入った画像を選択する

［テキストからベクター生成（Beta）］パネルの［バリエーション］に、プロンプト（大きなひまわり）に該当するアイコン画像が3つ表示されるので、気に入った画像をクリックします。

気に入った画像をクリックします。

## 他の画像のスタイルを生成画像に適用しよう

ここでは、青いカエルの画像にユニコーンのスタイルを適用しましょう。

### 目的の画像を選択する

青いカエルの画像を「テキストからベクター生成（Beta）」で作成し、ユニコーンの画像を他のアートボードからコピーして貼り付けます。ツールパネルで選択ツールをクリックし、青いカエルの画像をクリックして、コンテキストタスクバーで［生成（Beta）］をクリックします。

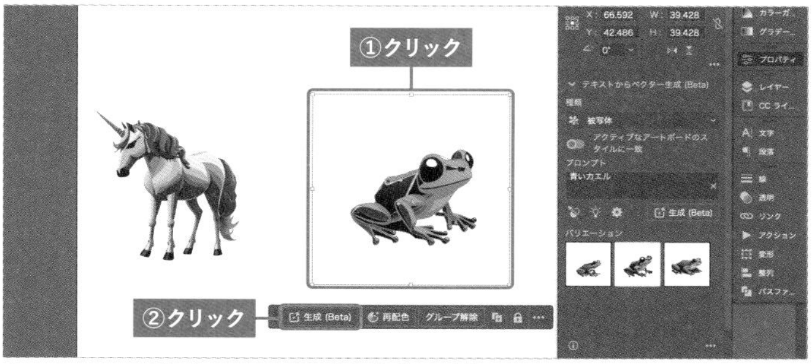

青いカエルの画像をクリックし、［生成（Beta）］をクリックします。

## 目的のスタイルの画像をクリックする

［テキストからベクター生成(Beta)］パネル、もしくはコンテキストタスクバーで［スタイルピッカー］をクリックし、目的のスタイルの画像（ユニコーンの画像）をクリックします。

［スタイルピッカー］をクリックし、参照するスタイルの画像をクリックします。

## 画像にコピーしたスタイルを適用する

コンテキストタスクバーもしくは［テキストからベクター画像(Beta)］パネルにある［生成(Beta)］をクリックして、画像の生成を実行します。

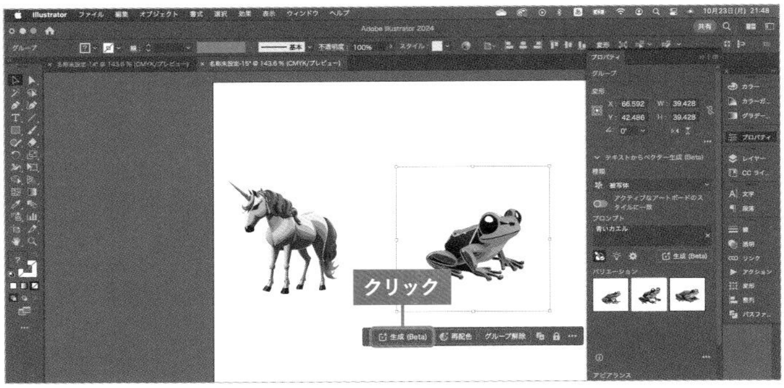


［生成(Beta)］をクリックします。

## 画像にスタイルが適用される

クリックした画像（ユニコーンの画像）のスタイルが、Fireflyの生成画像（青いカエルの画像）に適用されます。

### 画質を調節してみよう

「テキストからベクター生成」で生成される画質は、アンカーポイントの数を５段階で指定して調節できます。生成画像の画質を調節するには、［テキストからベクター生成(Beta)］パネルにある［設定］をクリックし、表示される［ディテール］のスライダーをドラッグして１から５の値を指定します。なお、設定値は大きいほどアンカーポイントの数が多く、複雑な部分を精密に描写できます。

Section 03

# テキストから パターンを生成しよう

「テキストからベクター生成」では、テキストで指定した内容のパターンを生成することができます。生成されたパターンは、スウォッチパネルに登録され、塗りに使うことができます。また、他のパターンと同様に編集することも可能です。自由な発想でパターンを生成して、楽しく活用してみましょう。

## パターンを生成しよう

### 四角形を描いて［生成（Beta）］をクリックする

ツールパネルで長方形ツールをクリックし、アートボード上をドラッグして四角形を描きます。コンテキストタスクバーが表示されるので、［生成(Beta)］をクリックします。

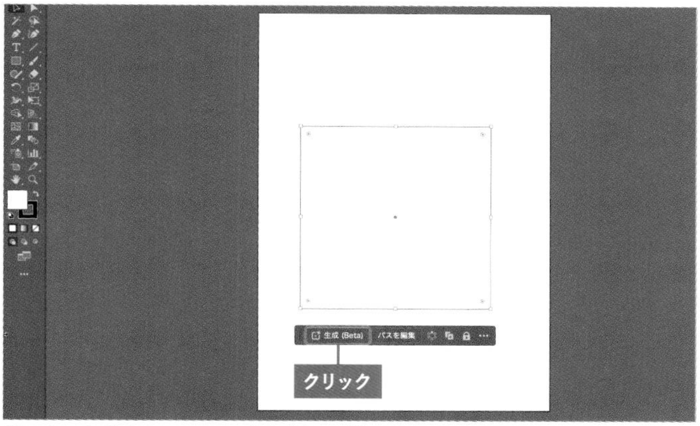


描いた四角形をクリックし、［生成(Beta)］をクリックします。

### 生成画像の種類にパターンを設定する

コンテキストタスクバーの左端にあるアイコンをクリックし、表示されるリストで［パターン］を選択します。

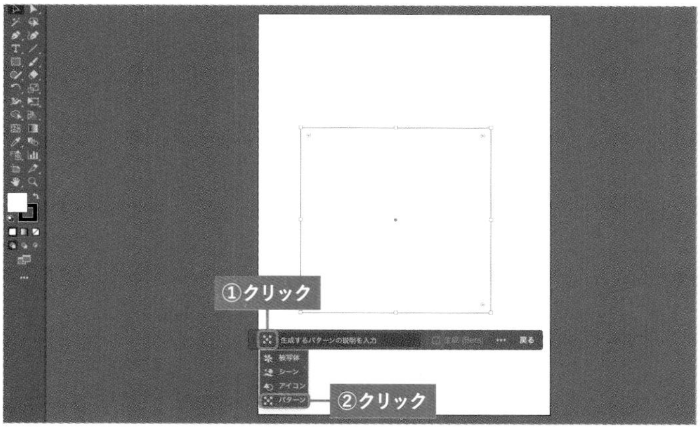


左端にあるアイコンをクリックし、［パターン］をクリックします。

## パターンの生成を実行する

コンテキストタスクバーにプロンプト（カラフルなたくさんの種類のフルーツ）を入力し、[生成（Beta）]をクリックして、パターンの生成を実行します。

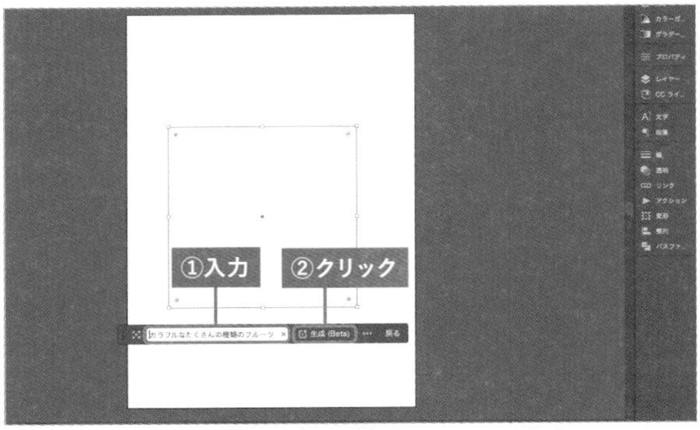

プロンプトを入力し、[生成（Beta）]をクリックします。

**[塗りと線]で[塗り]を選択しておく**

パターンの生成を実行する際、[塗りと線]で[線]が選択されていると、四角形の枠線にパターンが表示されてしまいます。パターンの生成を実行する前には、[塗りと線]で[塗り]が選択されていることを確認しましょう。

## バリエーションをスウォッチパネルに登録する

パターンが生成され、[テキストからベクター生成（Beta）]パネルの[バリエーション]に3つのバリエーションが表示されるので、目的のバリエーションをクリックします。クリックしたバリエーションは、スウォッチパネルに登録されます。

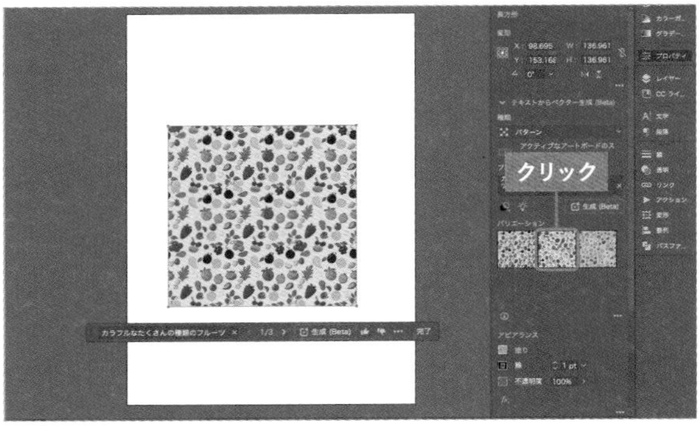

目的のバリエーションをクリックします。

## スウォッチパネルでパターンを確認する

ウィンドウメニュー→"スウォッチ"をクリックしてスウォッチパネルを表示し、登録されたパターンを確認します。

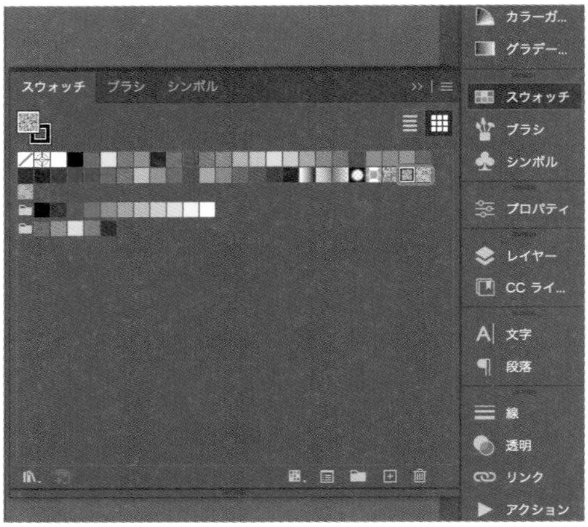

登録されたパターンを確認します。

**スウォッチへの登録は現在のアートボードでのみ有効**

スウォッチパネルに登録されたパターンは、現在のファイルでのみ有効で、他のファイルでは利用できません。他のファイルでも利用したい場合は、パターンを適用した画像を作成し、ファイルとして保存しておきましょう。他のファイルに目的のパターンが適用された画像をコピーペーストすると、そのパターンがスウォッチで使えるようになります。

Section 04

# アートワークのカラーバリエーションを作成しよう

**アートワークのカラーバリエーションを作成する作業は、「オブジェクトの再配色」機能が追加されてかなり効率的にできるようになりました。ドラッグ操作で色の関係を崩さずに、バランスの良い配色を探すことができます。それでも「熱帯雨林の植物」や「珊瑚礁」など、頭に浮かんだイメージをもとに配色を作成するのは手間がかかります。「生成再配色」は、「オブジェクトの再配色」の弱点であるイメージによる配色の検索を補う機能です。**

## カラーバリエーションは思いのまま

「生成再配色」は、ベクター画像の配色を直感的な言葉で指定して生成する機能です。ストレートに「深い緑」や「蛍光の黄色」のように特定の色を指定して配色を生成することはもちろん、「満開の桜」とか「夏のそよかぜ」のように、色の名前で表現しづらいイメージをテキストで指定することもできます。配色を自由にイメージして、思いつくまま言葉にしてみましょう。

○ 元画像

## サンプルプロンプトを利用してバリエーションを作成する

### 生成再配色パネルを表示する

アートワークを開き、キーボードでcommand〔Ctrl〕+Aキーを押してすべてを選択します。編集メニュー→“カラーを編集”→“生成再配色”をクリックします。

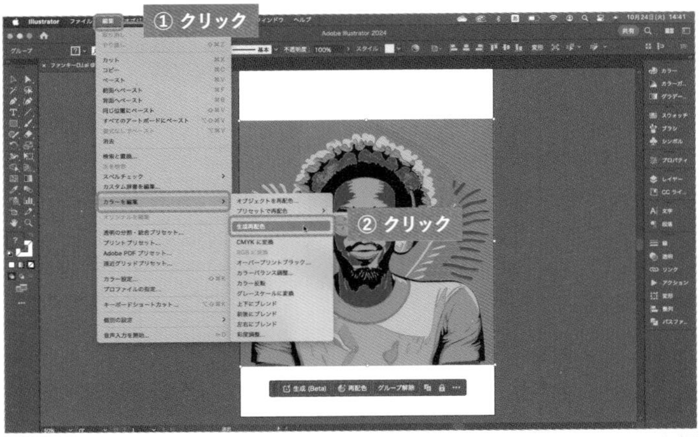


アートワークのすべてを選択し、編集メニューをクリックして、“カラーを編集”→“生成再配色”をクリックします。

### サンプルプロンプトを選択する

生成再配色パネルが表示されます。［サンプルプロンプト］で［海辺の夏］をクリックします。

［海辺の夏］をクリックします。

### アートワークの一部の配色を変更する

「生成再配色」は、複数のパーツが選択されていれば実行できます。アートワークの中で特定の部分の配色だけ変更したいときは、ダイレクト選択ツールで目的の部分を選択し、この手順に従って「生成再配色」を実行します。

### バリエーションを選択する

バリエーションが4つ生成されます。目的のバリエーションをクリックします。

目的のバリエーションをクリックします。

### 目的のバリエーションが表示される

目的のバリエーションに切り替わります。

## 配色をプロンプトで指定してバリエーションを作成する

### 生成再配色パネルを表示する

目的のアートワークを開き、全体を選択して、編集メニュー→“カラーを編集”→“生成再配色”をクリックします。

アートワーク全体を選択し、編集メニューをクリックして、“カラーを編集”→“生成再配色”をクリックします。

## プロンプトを指定する

［プロンプト］に「派手なネオンカラー」と入力し、［生成］をクリックします。

### 配色のイメージをプロンプトで指定する

配色をプロンプトで指定する場合、季節や「朝・昼・夜」、「熱帯」など、色を思い浮かべやすい単語で指定すると、イメージに近い配色になる傾向があります。また、「ピンク」など色を指定すると、その色を中心とした配色が生成されます。

プロンプトを入力し、［生成］をクリックします。

## バリエーションを選択する

バリエーションが4つ生成されます。目的のバリエーションをクリックします。

目的のバリエーションをクリックします。

## 目的のバリエーションが表示される

目的のバリエーションに切り替わります。

## 色を指定して配色を生成しよう

### 再配色パネルを表示する

キーボードでcommand〔Ctrl〕＋ Aキーを押してアートワーク全体を選択します。コンテキストタスクバーにある［再配色］をクリックします。

アートワーク全体を選択し、［再配色］をクリックします。

**コンテキストタスクバーの［再配色］**

アートワークを選択すると、コンテキストタスクバーに［再配色］が表示されます。［再配色］をクリックすると、再配色パネルが表示されますが、パネル上にある［生成再配色］をクリックすると、生成再配色パネルに切り替えることができます。

### 生成再配色パネルを表示する

再配色パネルが表示されます。［生成再配色］タブをクリックします。

［生成再配色］タブをクリックします。

### プロンプトを入力する

生成再配色パネルでプロンプト（ここでは「ピンク」）を入力し、［カラー］の［+］アイコンをクリックします。

プロンプトを入力し、［カラー］の［+］アイコンをクリックします。

## 使用する色を指定する

スウォッチパネルが表示されるので、使いたい色をクリックして指定します。再度［+］アイコンをクリックしてスウォッチパネルを閉じます。

### 色を指定して配色を生成する

生成再配色パネルにある［カラー］では、配色で使用したい色を指定することができます。右のスウォッチパネルのほか、［カラー］をクリックすると、カラーパネルが表示され、色を数値で指定することもできます。

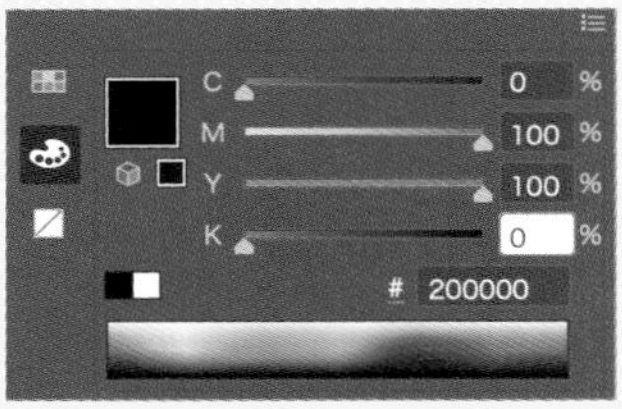

配色に使いたい色を指定し、［+］アイコンをクリックします。

## 配色の生成を実行する

［生成］をクリックし、生成再配色を実行します。

［生成］をクリックします。

## バリエーションを選択する

指定した色を中心とした再配色が生成されます。目的のバリエーションを選択します。

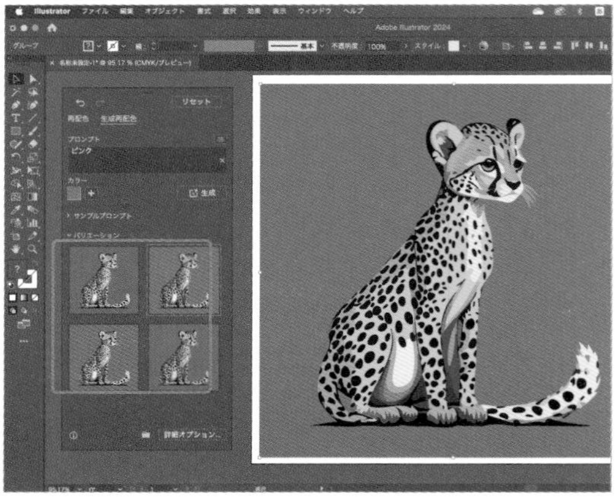

Section

# 05 配色を自分好みに編集してみよう

「生成再配色」で生成された配色は、「いいんだけど、ちょっと修正したい」といったことがあるでしょう。生成再配色パネルの下部には［詳細オプション］が用意され、クリックすると、「オブジェクトを再配色」ダイアログボックスが表示され、配色を編集したり、配色の色を変更したりすることができます。「生成再配色」で生成された配色を編集して、オリジナルの配色を作ってみましょう。

## 生成再配色の実行後に配色を編集する

### 生成再配色を実行する

目的のアートワークを開き、アートワーク全体を選択して、生成再配色パネルを表示しています。［サンプルプロンプト］の［ダークブルーの真夜中］をクリックします。

［ダークブルーの真夜中］をクリックします。

### 「オブジェクトを再配色」ダイアログボックスに切り替える

目的のバリエーションをクリックして、アートワークに配色を適用します。生成再配色パネルの下部にある［詳細オプション］をクリックします。

目的のバリエーションをクリックして配色を適用し、下部の［詳細オプション］をクリックします。

## ［編集］タブに切り替える

「オブジェクトを再配色」ダイアログボックスが表示されるので、下部にある「オブジェクトを再配色」をオンにし、［編集］タブをクリックして、［編集］画面に切り替えます。

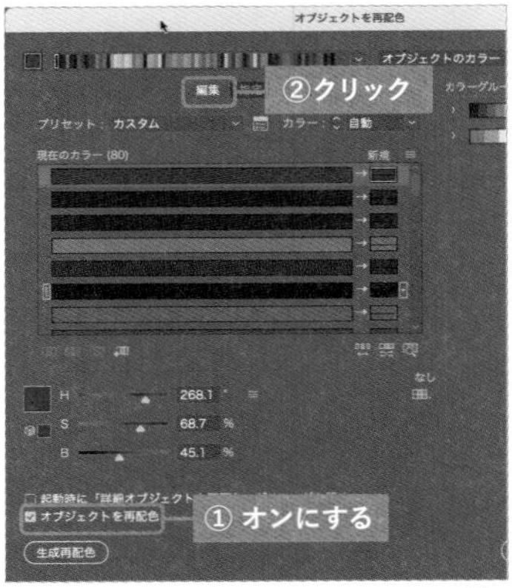

「オブジェクトを再配色」をオンにし、［編集］タブをクリックします。

### 配色の特定の色を編集する

「オブジェクトを再配色」ダイアログボックスの［指定］タブでは、アートワークで使われている色を確認・編集することができます。特定の色を編集したいときは、［現在のカラー］に表示されている一覧から目的の色を選択し、リストの下に表示されている［H］（色相）、［S］（彩度）、［B］（明度）のスライダーをドラッグします。

## 彩度と色相のホイールを表示する

［彩度と色相をホイールに表示］をクリックします。

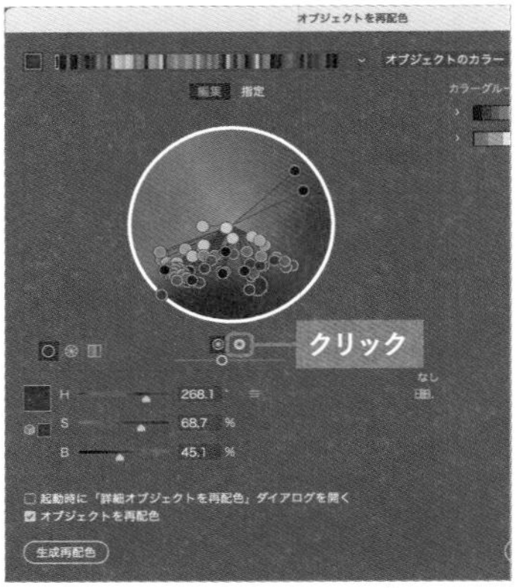

［彩度と色相をホイールに表示］をクリックします。

### 色相を変更する

「オブジェクトを再配色」ダイアログボックスの［編集］タブでは、［カラーホイール］をドラッグしてアートワークのカラーグループ全体の色相や彩度、明度を編集することができます。それぞれの色の関係性を維持したまま色相や彩度、明度を編集できるため、「アートワーク全体をもう少し鮮やかに」や「色合いをもう少し青っぽく」など、繊細な配色の調整をドラッグ操作で行えます。

## 配色の彩度を調節する

スライダーをドラッグして彩度を調節します。［明度と色相をホイールに表示］をクリックします。

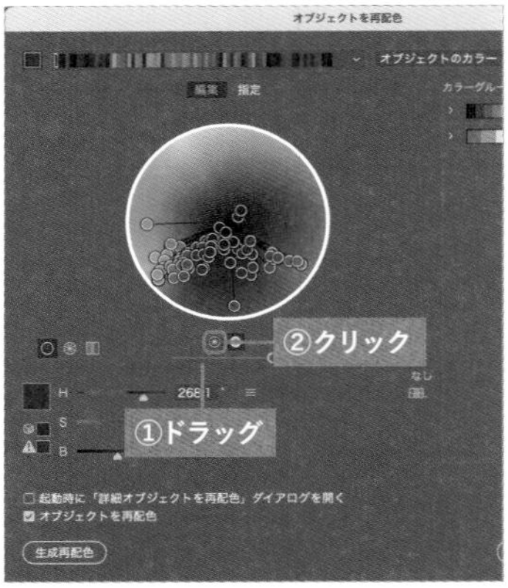

スライダーをドラッグして彩度を調節し、［明度と色相をホイールに表示］をクリックします。

### 配色の彩度を調節する

カラーグループ全体の彩度を調節したい場合は、「オブジェクトを再配色」ダイアログボックスの［編集］タブで［彩度と色相をホイールに表示］をクリックし、［彩度を調整］スライダーをドラッグします。スライダーは右にドラッグするほど彩度が高くなり色が鮮やかに、左にドラッグするほど彩度が低くなって色褪せた印象になります。

### 配色の明度を調節する

スライダーをドラッグして明度を調節し、[OK] をクリックして変更を確定します。

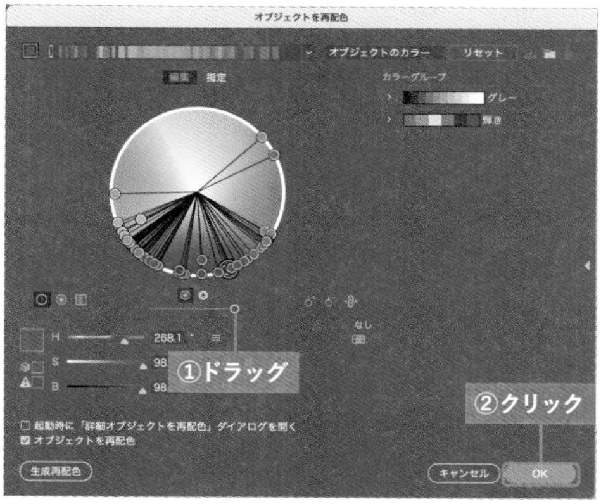

スライダーをドラッグして明度を調節し、[OK] をクリックします。

**配色の明度を調節する**

カラーグループ全体の明度を調節したい場合は、「オブジェクトを再配色」ダイアログボックスの [編集] タブで [明度と色相をホイールに表示] をクリックし、下に表示される [明度を調整] スライダーをドラッグします。スライダーは右にドラッグするほど明度が高くなり明るく、左にドラッグするほど明度が低くなって暗い印象になります。

### 配色への変更が反映される

配色の彩度と明度が編集されました。

## 特定の色を残してその他の配色を変更しよう

### 再配色パネルを表示する

目的のアートワークを開き、アートワーク全体を選択して、コンテキストタスクバーにある [再配色] をクリックします。

アートワーク全体を選択し、[再配色] をクリックします。

## 「オブジェクトを再配色」ダイアログボックスに切り替える

再配色パネルの最下部にある［詳細オプション］をクリックします。

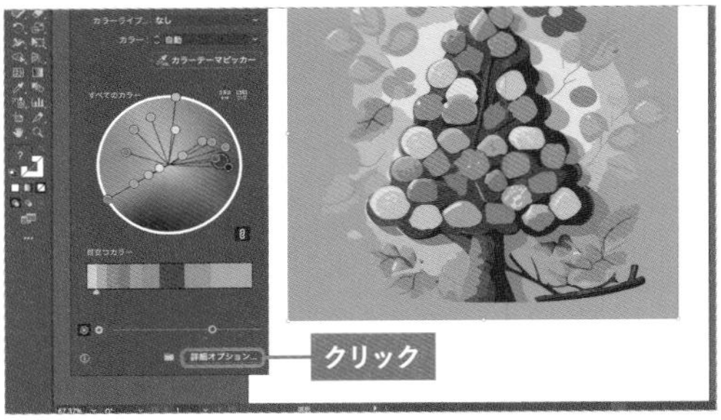


［詳細オプション］をクリックします。

## オブジェクトのカラーをカラーグループとして登録する

上部にある［オブジェクトのカラー］と表示されているテキストボックスをクリックし、カラーグループ名を編集します（ここでは「お菓子の木オリジナル」と変更しています）。［新規のカラーグループ］をクリックし、カラーグループを作成します。

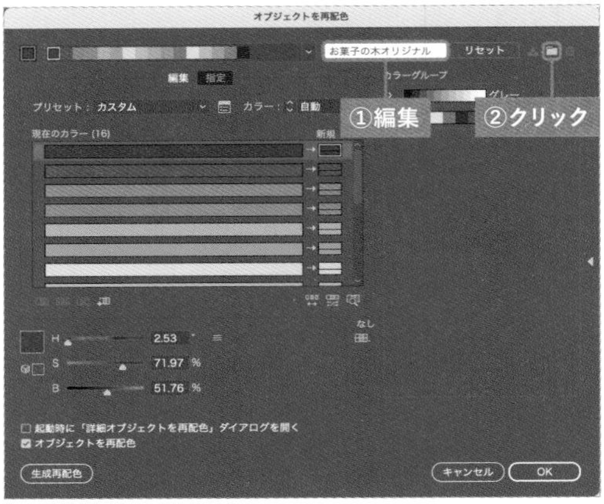


カラーグループ名を編集し、［新規のカラーグループ］をクリックします。

## カラーグループを保存する

［OK］をクリックして、カラーグループの作成を確定します。

［OK］をクリックします。

### オブジェクトの配色を カラーグループとして登録する

「オブジェクトを再配色」ダイアログボックスの［指定］タブには、アートワークに使用されている色が［オブジェクトのカラー］という名前のカラーグループとして表示されています。このカラーグループに名前をつけて、［新規のカラーグループ］をクリックすると、指定した名前で登録できます。生成再配色パネルで［カラー］の［+］をクリックすると表示されるスウォッチパネルに登録したカラーグループが表示され、残しておきたい色の指定に利用できます。

## 生成再配色パネルを表示する

アートワーク全体を選択し、編集メニュー→“カラーを編集”→“生成再配色”をクリックします。

アートワーク全体を選択し、編集メニューをクリックして、“カラーを編集”→“生成再配色”をクリックします。

## スウォッチパネルを表示する

プロンプトを入力し（ここでは「砂漠の荒野」）、［カラー］の［+］をクリックします。

プロンプトを入力し、［カラー］の［+］をクリックします。

## 残したい色を指定する

スウォッチパネルが表示されるので、先ほど保存したカラーグループの残したい色をクリックして指定します。再度［+］をクリックしてパネルを閉じます。

目的の色を指定し、再度［+］をクリックします。

## 「生成再配色」を実行する

同様の手順でもう1色［カラー］に追加して、［生成］をクリックします。

［カラー］にもう1色追加し、［生成］をクリックします。

## バリエーションが生成される

指定した色は残ったまま、他の部分の配色が変更されます。

## バリエーションを選択する

他のバリエーションでも指定した色は残されたまま、配色が変更されています。

# Chapter 5
# Adobe Express × Firefly

Section 01

# Adobe Expressで作品を作ってみよう

**Fireflyの生成画像をビジネスやイベントに活用したいと思ったら、Adobe Expressを使ってみましょう。Adobe ExpressにはFireflyが搭載されていて、Fireflyで生成した画像を直感的な操作でチラシやポスター、各SNS向けの画像などに加工することができます。ここでは、Adobe ExpressとFireflyの機能を活用して、チラシやホームページのカバー画像などの作品を作成する手順を解説します。Fireflyの機能でアイデアを形にして、楽しい作品を作ってみましょう。**

## Adobe Express×Firefly

Adobe Expressは、ロゴやチラシ、ポスターなどのコンテンツを簡単な操作で作成できるオンラインデザインツールです。豊富なテンプレートから誰でも、高品質なポスターやチラシなどを作成できます。そんなAdobe ExpressにFireflyが搭載され、自由にアイデアを試せるようになりました。特に「テキストからテンプレートを生成」を利用すると、イベント名やキャッチフレーズなどからポスターやチラシなどのテンプレートを作成できます。イメージ通りの作品を作って、ビジネスやプライベート、学習に活用しましょう。

Adobe Expressのトップページ。Adobe ExpressはWebブラウザーで操作します。
https://new.express.adobe.com/

## Adobe Expressの稼働環境

Adobe ExpressをMacやPCで利用する場合、Webブラウザーは Google Chrome、Safari、Microsoft Edgeのいずれかでアクセスします。Fireflyでは100以上の言語をサポートしていて、プロンプト（イメージを指定するテキスト）は日本語で指定することができます。

Adobe Expressの利用には、Adobeアカウントを取得・ログインしている必要があります。また、スマートフォンやタブレットからも利用できますが、iOS用アプリ、Android用アプリにはFireflyは搭載されていません。

## Adobe Expressでできること

Adobe Expressでは、Fireflyの「テキストからテンプレート生成」、「テキストから画像生成」、「生成塗りつぶし」、「テキスト効果」の4つの機能を利用できます。2023年10月20日現在、「テキストからテンプレート生成」は、ベータ版ですがAdobe Expressのみに搭載されています。また、その他の3つの機能も、操作方法や細かい設定などが、Firefly Web版とは少し異なるので確認してみましょう。

### テキストからテンプレート生成

イベント名やキャッチフレーズをプロンプトに、ポスターやチラシのテンプレートを生成します。生成されたテンプレートは、引き続きAdobe Expressの機能で編集することができます。

○ チラシ

プロンプト
「World BEER Festival, Beer from 200 countries around the world」

○ ポスター

プロンプト
「New Year Party 2024」

○ カード

プロンプト
「Happy 4th Birthday to TERU」

## テキストから画像生成

テキストで指示されたイメージを画像化する機能です。写真やアートなどのコンテンツスタイル、描画スタイル、色合い、ライト、構図を後から変更することも可能です。

プロンプト
「青くて長い毛皮のマフラーをして、葉巻を咥えているヤモリ　繊細　デジタルアート」

プロンプト
「卵から孵化するロボット　スチームパンク　デジタルアート」

## 生成塗りつぶし

選択した範囲をテキストで指定した画像で塗りつぶす機能です。選択範囲をブラシで指定するため、狭い範囲のオブジェクトの追加、差し替え、削除に向いています。

### ○ オブジェクトの追加

選択した範囲にテキストで指定した画像を違和感なく追加します。　なお、Firefly Web版では生成拡張機能が利用できません。

### ○オブジェクトの削除

選択したオブジェクトを周囲の色やパターンで塗りつぶして削除します。[背景] をクリックするだけで背景部分を削除し、テキストで指定した画像で塗りつぶします。

## テキスト効果

入力した文字の内側をテキストで指定した画像やパターンで塗りつぶしてロゴを作成します。テキスト効果生成後にフォントの種類や背景色、文字色などを変更できます。

プロンプト「カラフルなカメレオン」

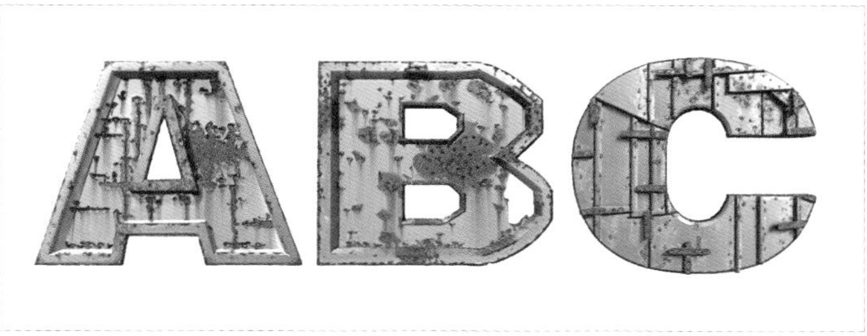


プロンプト「錆びた鉄骨」

Section 02

# イメージ通りのチラシを作ってみよう

**店舗やセミナーなどのチラシやポスターは、オリジナリティが重要です。しかし、それらのコンテンツを何もかも自分で作ろうと思うと、手間と時間がかかりがちになるでしょう。また、アプリのテンプレートを使って作成すると、競合相手と似たコンテンツができてしまう可能性があります。Adobe ExpressにFireflyが搭載されたことで、テンプレートそのものをゼロから生成することができ、オリジナリティを高めることができます。**

## Fireflyの搭載でAdobe Expressの自由度が向上

Adobe Expressユーザーにとって、最も嬉しいFireflyの機能は、「テキストからテンプレート生成」ではないでしょうか？「テキストからテンプレート生成」では、イベント名やキャッチフレーズをプロンプトに、ポスターやチラシなどのテンプレートを生成できます。そのテンプレートのテキストや画像の配置などを調整すれば、オリジナルコンテンツの出来上がりです。他のユーザーとテンプレートが被ってしまう心配もありません。プロンプトを工夫して、オリジナルのチラシやポスターを作ってみましょう。

### 「テキストからテンプレート生成」でテンプレートを作成

プロンプト
「Sushi Expo 2023」

### テンプレートを編集してチラシを作成

## 生成したテンプレートを使ってチラシを作ろう

### ［生成AI］タブを選択する

Adobe ExpressでAdobeアカウントにログインし、［ホーム］ページを表示して、［生成AI］をクリックします。

Adobeアカウントにログインし、［生成AI］をクリックします。

### テンプレートを生成する

下にスクロールし、［テキストからテンプレート生成］のテキストボックスに、イベント名やイベントのキャッチフレーズなどを入力し、［生成］をクリックします。

［テキストからテンプレート生成］のテキストボックスにプロンプトを入力し、［生成］をクリックします。

> **プロンプトは英語で指定**
>
> 2023年10月20日現在、「テキストからテンプレート生成」はベータ版のため、プロンプトは英語にしか対応していません。ただし、生成されたテンプレートは、日本語にも対応しています。

### カンバスサイズを指定する

プロンプトの左にある［カンバスサイズ］のプルダウンメニューで［チラシ］を選択し、［生成］をクリックします。

カンバスサイズを選択し、［生成］をクリックします。

> **カンバスサイズを選択する**
>
> 「テキストからテンプレート生成」では、テンプレートの生成を実行するタイミングではカンバスのサイズを指定することができません。そのため、上の画面で目的のカンバスサイズを選択し、再度生成を実行します。なお、テンプレートのカンバスサイズは次の5種類です。
>
> ・Instagram投稿（1,080×1,080px）
> ・Facebook投稿（1,080×1,080px）
> ・ポスター（11×17 in/ 27.94×43.18 cm）
> ・チラシ（8.5×11 in / 21.59×27.94 cm）
> ・カード（5×7 in / 12.7×17.78 cm）

## デザインを選択する

テンプレートが生成されるので、目的のテンプレートをクリックします。さらにテンプレートの候補を生成したいときは、最下部に表示される［その他の結果を生成］をクリックします。

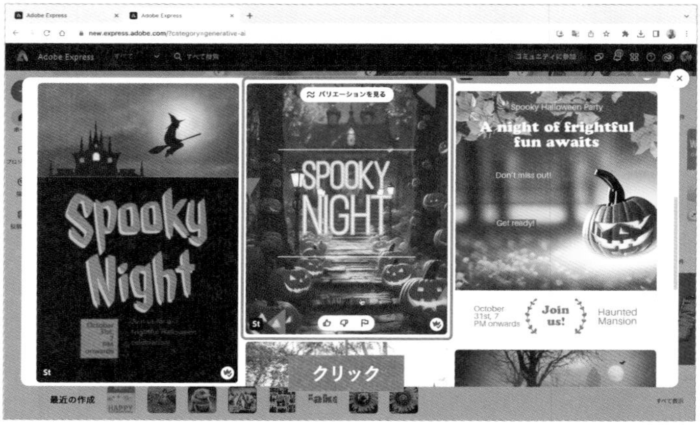

目的のテンプレートをクリックします。

## テキストボックスを選択する

テンプレートの編集画面が表示されます。タイトルのテキストをクリックして、テキストボックスを選択します。

テキストをクリックします。

### カンバスサイズを変更する

後からカンバスのサイズを変更したいときは、テンプレート編集画面の上部にある［サイズ変更］をクリックして、サイズのリストを表示し、目的のサイズをオンにして［サイズ変更］をクリックします。
なお、カンバスサイズを変更すると、レイアウトが崩れることがあります。

### ［おすすめ］のリストを表示する

テキストを編集し、［おすすめ］にある［すべて表示］をクリックして、フォントとスタイルのリストを表示します。

［おすすめ］の［すべて表示］をクリックします。

### フォントとスタイルを選択する

目的のフォントをクリックして選択し、［おすすめ］の右にある［×］をクリックしてリストを閉じます。

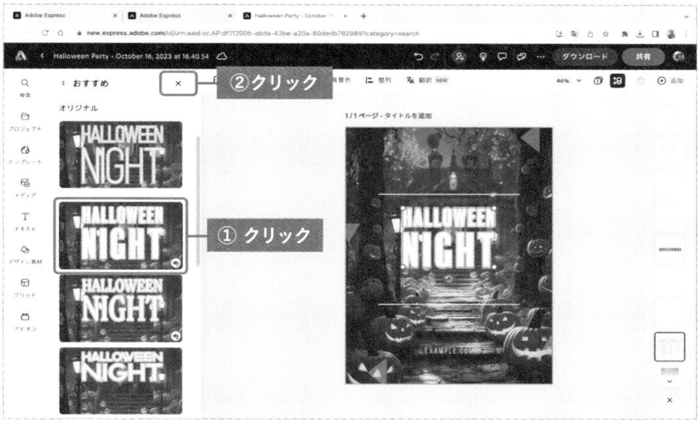

目的のフォントをクリックし、［×］をクリックします。

### テキストパネルを表示する

左端のメニューで［テキスト］をクリックし、テキストパネルを表示します。

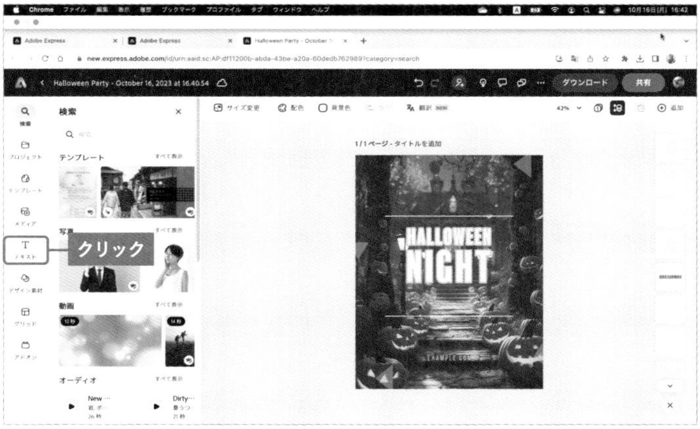

テキストをクリックします。

## 画像にテキストボックスを追加する

［テキストを追加］をクリックして、コンテンツにテキストボックスを追加します。

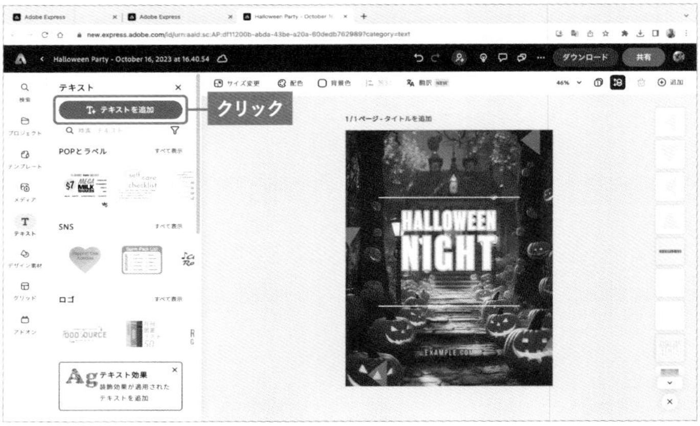


［テキストを追加］をクリックします。

## テキストを編集する

テキストを編集し、テキストボックス内の文字をすべて選択します。

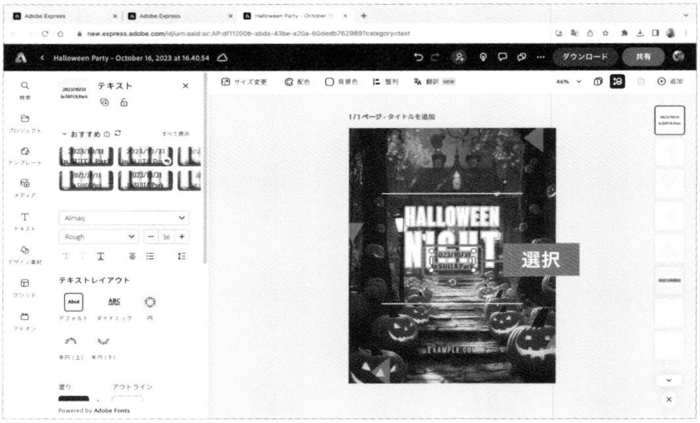


テキストを編集し、テキストボックス内の文字をすべて選択します。

## フォントの種類とサイズを変更する

テキストパネルでフォントの種類とフォントサイズを変更します。

### フォントサイズを変更する

フォントのサイズは、この手順の通りポイント数で設定する他に、テキストボックスのハンドルをドラッグしても変更できます。テキストボックスのハンドルをドラッグすると、縦横比が固定されたままフォントのサイズが拡大／縮小されます。

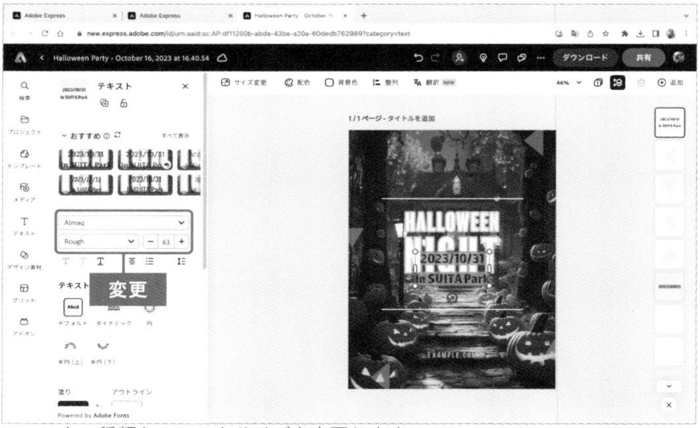


フォントの種類とフォントサイズを変更します。

### 行間を設定する

［文字間隔］をクリックし、［行間］のスライダーをドラッグして行間を調節します。調整が済んだら、再度［文字間隔］をクリックします。

［文字間隔］をクリックし、［行間］のスライダーをドラッグして行間を調整します。

### ロゴの塗りの色を変更する

［塗り］をクリックし、スウォッチパネルで目的の色をクリックして選択します。右上の［×］をクリックしてスウォッチパネルを閉じます。

［塗り］をクリックし、目的の色をクリックして、［×］をクリックします。

#### 文字の色を変更する

テキストパネルの［塗り］では文字の色を、［アウトライン］では文字の縁どりの色を設定することができます。スウォッチパネルの［おすすめ］や［ページテーマ］から色を選択します。
他の色を指定したいときは、スウォッチパネルの下部にある［別のカラーを追加］をクリックすると表示されるパレットから目的の色を選択します。

## ロゴのアウトラインの色を設定する

［アウトライン］をクリックし、スウォッチパネルで目的の色をクリックして選択します。右上の［×］をクリックしてスウォッチパネルを閉じます。

［アウトライン］をクリックし、目的の色をクリックして、［×］をクリックします。

## テキストボックスを移動する

テキストボックスの枠にマウスポインターを合わせると、形が ✥ になるので、そのまま目的の位置までドラッグします。

マウスポインターの形が ✥ に変わったら、目的の位置までドラッグします。

## チラシを完成する

テキストボックスが移動します。その他のテキストも編集して、チラシを完成させます。［ダウンロード］をクリックします。

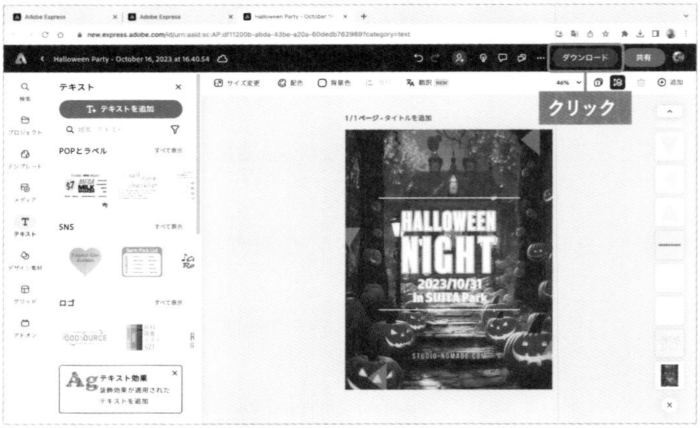

［ダウンロード］をクリックします。

## 保存のファイル形式を指定する

メニューが表示されるので、ファイル形式を選択し、[ダウンロード] をクリックします。

ファイル形式を選択し、[ダウンロード] をクリックします。

## ファイルを保存する

ファイル名を入力し、保存先を指定して、[保存] をクリックします。

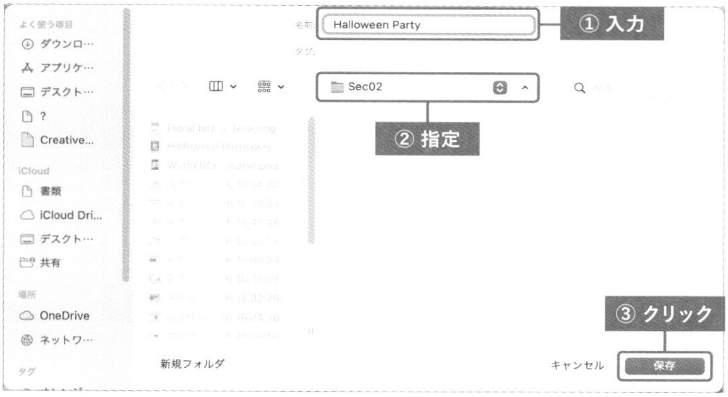


ファイル名を入力し、保存先を指定して、[保存] をクリックします。

Section 03

# 生成画像でプロフィールカバーを作ってみよう

**FireflyがAdobe Expressに搭載された最大のメリットは、一連の操作の中で生成画像を素材としてホームページのトップ画像や広告バナー、Instagramのストーリーズなどに利用できる画像に加工できることです。また、Adobe Expressにはあらかじめバナーやカバーなどのサイズがテンプレートとして用意されていて、目的の画像の種類を選択するだけで画像の作成手順を進めることができて便利です。**

## 何を作るのか決めてから作業を始めよう

Adobe Expressで画像を生成する場合、最初にサイズの指定はできないため、後からカンバスサイズを拡張し、それに合わせて画像を拡大するようにします。ホームページのトップ画像は1,900×600pxほどで、Facebookのカバー画像は820×312pxで横長です。Instagramのストーリーズは縦横比が4：5で、600×750pxの縦長となります。Fireflyの機能で画像やロゴを生成する際には、横長または縦長を意識して、加工しやすい画像の被写体・風景を決めましょう。なお、Adobe Expressでは、生成拡張機能は利用できません。

### ○「テキストから画像生成」で画像を生成

プロンプト
「高層ビル群の間に立っているダチョウ
精密　デジタルアート」

### ○Instagramのストーリーズ（1,080×1,920px）のサイズにリサイズ

## Facebookのプロフィールカバーの画像を作成しよう

### 画像を生成する

Adobe Expressの［ホーム］ページで［生成AI］をクリックし、［テキストから画像生成］のテキストボックスに「カラフルな花が咲き乱れた広大な草原　精密　デジタルアート」と入力し、［生成］をクリックします。

［生成AI］をクリックし、プロンプトを入力して、［生成］をクリックします。

### ［サイズ変更］のリストを表示する

正方形の画像が生成されます。上部にある［サイズ変更］をクリックします。

［サイズ変更］をクリックします。

### Facebookプロフィールカバーのサイズに変更する

［Facebookプロフィールカバー］をクリックしてオンにし、［サイズ変更］をクリックします。

［Facebook プロフィールカバー］をオンにし、［サイズ変更］をクリックします。

## 画像の左側のサイズを変更する

目的のサイズのカンバスが表示され、画像が中央に配置されます。左上下中央のハンドルをカンバスの左端までドラッグします。

> **縦横比が固定されたまま拡大／縮小する**
>
> この操作手順に従ってカンバスのサイズを変更すると、カンバスのサイズのみが変更されます。カンバスのサイズに画像を合わせるには、カンバスの端まで画像のハンドルをドラッグします。その際、画像は縦横比が固定されたまま拡大／縮小されます。

左上下中央のハンドルをカンバスの左端までドラッグします。

## 画像の右側のサイズを変更する

画像が縦横比を固定したまま、ドラッグした分だけ拡大表示されます。右上下中央のハンドルをカンバスの右端までドラッグします。

右上下中央のハンドルをカンバスの右端までドラッグします。

## 画像のサイズが変更される

Facebookのプロフィールカバー画像と同じサイズの画像になりました。必要な場合は、ダウンロードしましょう。

画像のサイズが変更されました。

## ホームページのカバー画像を作成しよう

### ［画像をアップロードして開始］をクリックする

Adobe Expressの［ホーム］ページで［生成AI］をクリックします。［生成塗りつぶし］のテキストボックスにある［画像をアップロードして開始］をクリックします。

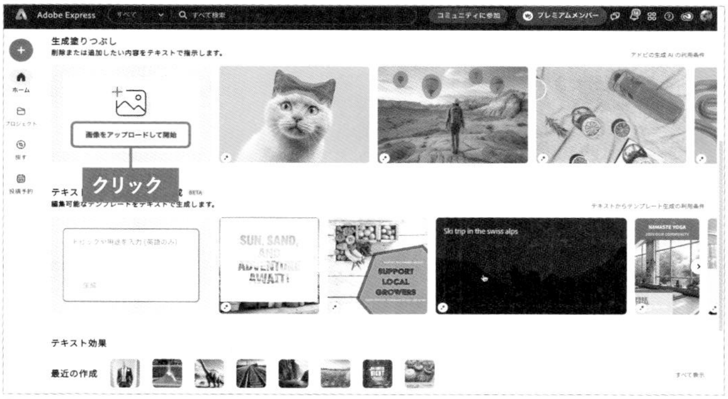

［画像をアップロードして開始］をクリックします。

### アップロードする画像を選択する

画像の保存先を開き、目的の画像をクリックして選択し、［開く］をクリックします。

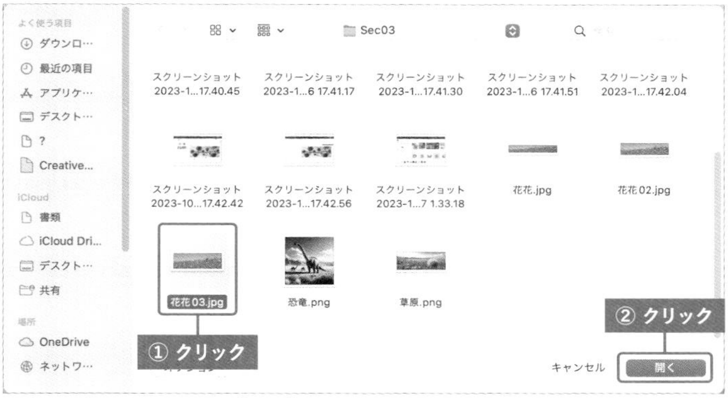

目的の画像をクリックし、［開く］をクリックします。

### オブジェクトを追加する範囲を指定する

［ブラシサイズ］のスライダーをドラッグして、ブラシサイズを調整します。オブジェクトを追加する位置をドラッグして範囲を指定します。

ブラシサイズをドラッグして調整し、オブジェクトを追加する範囲を指定します。

#### 背景を差し替えるには

Adobe Expressの「生成塗りつぶし」には、背景や被写体のみを選択するツールがありません。背景や被写体を差し替えたい場合は、Firefly Web版の「生成塗りつぶし」を利用し、その画像をAdobe Expressで編集すると良いでしょう。

### オブジェクトのプロンプトを入力する

プロンプトに「あくびするライオン　写真」と入力し、[生成] をクリックします。

プロンプトを入力し、[生成] をクリックします。

### 目的のオブジェクトを選択する

プロンプトで指定したオブジェクトが生成されます。目的の画像をクリックして選択し、[完了] をクリックします。

目的の画像をクリックし、[完了] をクリックします。

### カンバスのサイズを変更する

上部にある [サイズ変更] をクリックし、サイズのリストを表示します。[幅] と [高さ] にWebサイトのカバー画像のサイズを入力し、[サイズ変更] をクリックします。

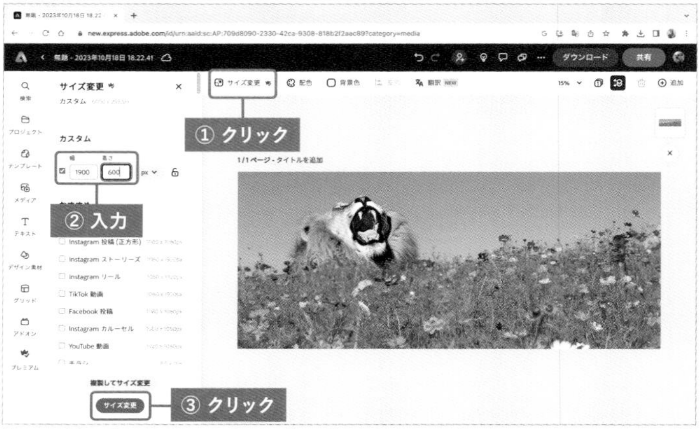


[サイズ変更] をクリックし、[幅] と [高さ] にサイズを入力して、[サイズ変更] をクリックします。

### 画像を移動する

カンバスのサイズが指定したサイズに変更されます。画像をカンバスの左端までドラッグします。

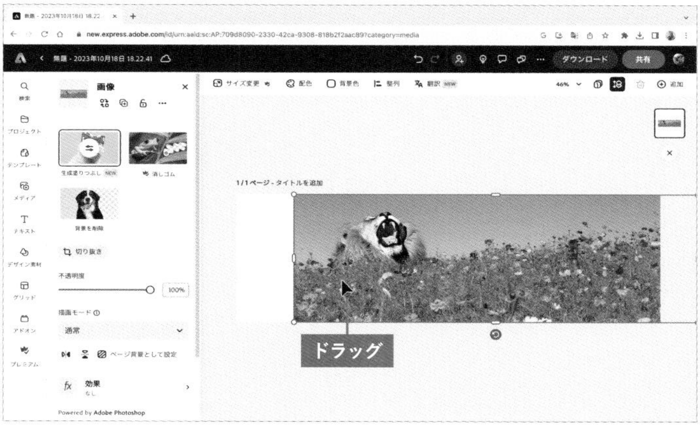

画像をカンバスの左端までドラッグします。

### 画像の幅を調整する

右上下中央のハンドルをカンバスの右端までドラッグします。

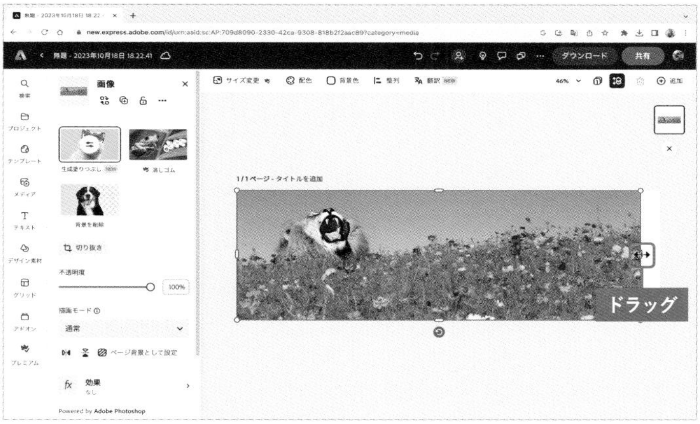

画像をカンバスの右端までドラッグします。

### テキストパネルから［テキスト効果］のリストを表示する

カンバスの大きさに合うように画像が拡大されます。左端のメニューで［テキスト］をクリックしテキストパネルを表示します。

最下部にある［テキスト効果］をクリックします。

［テキスト］をクリックし、［テキスト効果］をクリックします。

## 文字のスタイルを選択する

任意のスタイルの文字をクリックします。ここでは「W」の［ウール］を選択します。

> **［テキスト効果］のリストを表示する**
>
> 編集中の画像にFireflyのテキスト効果でロゴを作成するには、［テキスト効果］のリストを表示し、目的のスタイルをクリックします。画像にスタイルが適用されたテキストボックスが挿入され、テキスト効果パネルが表示されます。文字のスタイルを自由に生成したいときは、テキスト効果パネルでプロンプトを入力して文字のスタイルを生成します。

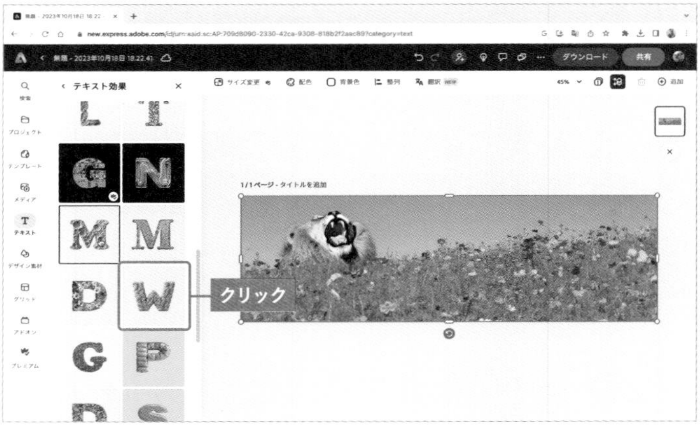

任意のスタイルの文字をクリックします。

## 目的のスタイルの文字を生成する

選択したスタイルが適用されたテキストボックスが画像に挿入されます。テキストボックスをクリックして、［どのような感じにしたいですか？］のテキストボックスにプロンプト（ここでは「丸太」）を入力し、［生成］をクリックします。

挿入されたテキストボックスをクリックして、プロンプトを入力し、［生成］をクリックします。

## テキストボックスにカーソルを表示する

画像のテキストボックスをクリックして、カーソルを挿入します。

テキストボックスをクリックします。

### テキストを編集する

既存のテキストを削除し、目的のテキストを入力します。

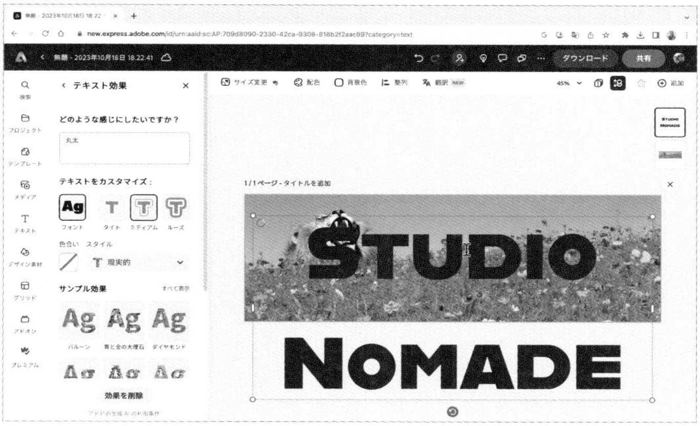


テキストを編集します。

### テキストボックスのサイズを調整する

テキストボックスのハンドルをドラッグしてサイズを調節します。テキストボックスのサイズに合わせてフォントのサイズも拡大／縮小されます

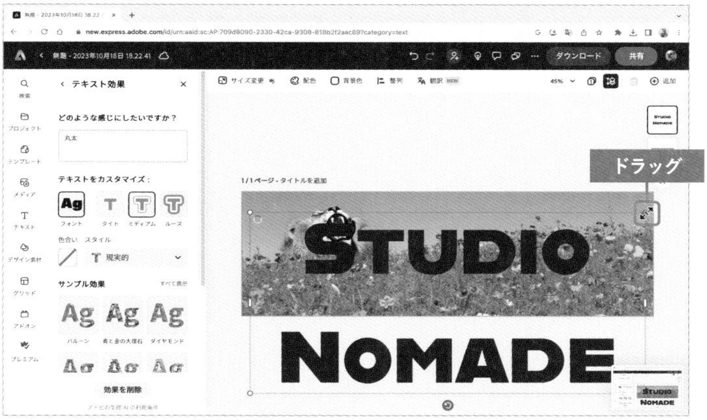


テキストボックスのハンドルをドラッグしてサイズを調整します

### ロゴを完成する

［結果］から効果をクリックして選択します。カバー画像にロゴを追加できました。

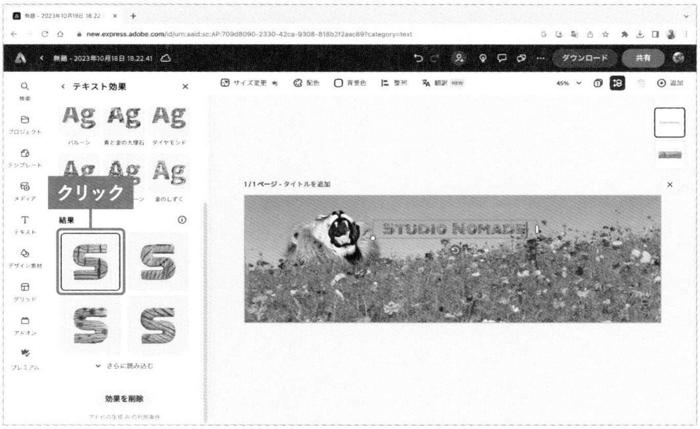


効果をクリックして、カバーカバー画像のロゴを完成します。

## 著者プロフィール


**吉岡 豊（よしおか・ゆたか）**

Studio Nomade 主宰。IT 系のテクニカルライター。著作多数、単著だけでも 100 冊以上。著書に『Photoshop Elements 13 写真の管理・補正・RAW 現像の教科書　よくわかる使いこなしのテクニック』、『やさしいレッスンで学ぶ　きちんと身につく Photoshop の教本』（共著）、『やさしいレッスンで学ぶ　きちんと身につく Illustrator の教本』（共著）、『facebook デザインブック』（共著、以上エムディエヌコーポレーション）などがある。
https://studio-nomade.jp/


## 制作スタッフ


［装丁・本文デザイン］齋藤州一（sososo graphics）
［編集・DTP］有限会社 AYURA
［写真協力］吉岡 輝、リオ・ライデン・アイリ
［編　集　長］後藤憲司
［担当編集］塩見治雄


# デザイナーのための Adobe Firefly 完全ガイド

## Photoshop ＋ Illustrator ＋ Web


2023 年 12 月 1 日　初版第 1 刷発行

著　　者　吉岡 豊
発 行 人　山口康夫
発　　行　株式会社エムディエヌコーポレーション
　　　　　〒 101-0051　東京都千代田区神田神保町一丁目 105 番地
　　　　　https://books.MdN.co.jp/
発　　売　株式会社インプレス
　　　　　〒 101-0051　東京都千代田区神田神保町一丁目 105 番地
印刷・製本　中央精版印刷株式会社

Printed in Japan





**【カスタマーセンター】**
造本には万全を期しておりますが、万一、落丁・乱丁などがございましたら、送料小社負担にてお取り替えいたします。お手数ですが、カスタマーセンターまでご返送ください。

**落丁・乱丁本などのご返送先**
〒 101-0051　東京都千代田区神田神保町一丁目 105 番地
株式会社エムディエヌコーポレーション カスタマーセンター　TEL：03-4334-2915

**書店・販売店のご注文受付**
株式会社インプレス　受注センター　TEL：048-449-8040 ／ FAX：048-449-8041

**●内容に関するお問い合わせ先**
株式会社エムディエヌコーポレーション カスタマーセンター メール窓口
info@MdN.co.jp

本書の内容に関するご質問は、E メールのみの受付となります。メールの件名は「デザイナーのための Adobe Firefly 完全ガイド　質問係」とお書きください。電話や FAX、郵便でのご質問にはお答えできません。ご質問の内容によりましては、しばらくお時間をいただく場合がございます。また、本書の範囲を超えるご質問に関しましてはお答えいたしかねますので、あらかじめご了承ください。

ISBN978-4-295-20624-8　C3055